电子线路 CAD 实训教程
——Protel 99SE

主　编　段志伟　张　岩

副主编　孙志刚　李　伟

主　审　刘　霞

哈尔滨工程大学出版社

内 容 简 介

本书从实用角度出发,详细介绍了印刷电路板绘图软件 Protel 99SE 的实用功能,可以引导读者短时间内掌握从电路原理图设计到印制电路板图输出的整个过程。全书共分三大部分,包括基础知识介绍、实验上机操作及附录部分。本书内容充实,实例丰富,实用性强,便于读者阅读和理解;知识系统全面,注重应用操作与实践能力的培养。

本书可作为高等院校电子类、电气类、自动控制类、机电类、信息类、计算机类等专业电子线路 CAD 课程教材,也可作为从事电路设计工作的技术人员和电子爱好者的参考书。

图书在版编目(CIP)数据

电子线路 CAD 实训教程:Protel 99SE/段志伟,张岩主编. —哈尔滨:哈尔滨工程大学出版社,2014.5(2015.7 重印)
ISBN 978 - 7 - 5661 - 0813 - 5

Ⅰ.①电… Ⅱ.①段… ②张… Ⅲ.①印刷电路 - 计算机辅助设计 - 应用软件 - 教材 Ⅳ.①TN410.2

中国版本图书馆 CIP 数据核字(2014)第 114797 号

出版发行	哈尔滨工程大学出版社	
社 址	哈尔滨市南岗区东大直街 124 号	
邮政编码	150001	
发行电话	0451 – 82519328	
传 真	0451 – 82519699	
经 销	新华书店	
印 刷	哈尔滨工业大学印刷厂	
开 本	787mm × 1 092mm　1/16	
印 张	15.75	
字 数	381 千字	
版 次	2014 年 6 月第 1 版	
印 次	2015 年 7 月第 2 次印刷	
定 价	32.00 元	

http://www.hrbeupress.com
E-mail:heupress@ hrbeu.edu.cn

前　言

随着科学技术和电子工业的迅速发展,大规模和超大规模集成电路的应用使印制电路板日趋精密和复杂,借助于计算机完成电路板的设计已成为必然趋势,因此各类电子线路CAD(计算机辅助设计)软件应运而生。Protel以其强大的功能成为电子线路CAD软件的主流产品。电子设计自动化软件——Protel 99SE,是一个完整的全方位电路设计系统,它具有丰富多样的编辑功能、强大便捷的自动化设计能力、完善有效的检测工具、灵活有序的设计管理手段,为用户提供丰富的原理图元件库、PCB元件库和在线库编辑,已成为电子工程师进行电路设计使用的最佳软件之一。

本书从实用角度出发,由浅入深、由易到难、循序渐进,采用先感性认识、再理论学习、再实践操作的教学方法。在内容安排上,以够用为原则,强化应用能力的培养,突出Protel 99SE软件的使用和操作。全书共分三大部分,基础知识部分全面介绍了Protel 99SE的界面、基本组成及使用环境等,并详细讲解了电路原理图的绘制、元件设计、印制电路板图的基本知识、印制电路板图设计方法及操作步骤等。实验上机部分的训练内容以实用电路原理图为主,学生通过上机操作能够很好地掌握印制电路板(PCB)的设计过程。同时,可以帮助学生理清概念,掌握操作,提高应用能力,满足理论教学和实际应用相结合的需求。为了使学生能够快速掌握Protel 99SE元件库中电子元件的名称和封装格式,在附录部分安排了常用电子元件的封装表,以供查询。附录部分还包括Protel 99SE的电路原理图元件库清单、Protel 99 SE快捷方式及大量的参考练习题等内容。

本书由东北石油大学段志伟、张岩、孙志刚、李伟共同编写,其中,段志伟编写了第一部分4、5、6、7章;张岩编写了第一部分1、2、3章;孙志刚编写了第二部分;李伟编写了第三部分。全书由段志伟统稿,并由东北石油大学电气信息工程学院刘霞教授主审。在本书编写过程中,参阅了多位同行专家的著作和文献,在此向原作者和同行专家表示衷心的感谢。

由于编者水平有限,书中不妥之处在所难免,殷切希望广大读者给予批评指正。

编　者

2014 年 1 月

目 录

第一部分 Protel 99SE 基础知识部分

第二部分   Protel 99SE 上机实训部分

第三部分　Protel 99SE 附录部分

第三部分　Protel 99SE 附录部分

第 一 部 分

Protel 99SE 基础知识部分

第一部分

Protel 99SE 基础知识部分

第1章 Protel 99SE 软件概述

1.1 EDA 技术介绍

随着计算机的发展,某些特殊类型电路的设计可以通过计算机来完成,但目前能实现完全自动化设计的电路类型不多,大部分情况下要以"人"为主体,借助计算机完成设计任务,这种设计模式称之为计算机辅助设计(Computer Aided Design,简称 CAD)。

EDA(Electronic Design Automation)技术是计算机在电子工程技术上的一项重要应用,是在电子线路 CAD 技术基础上发展起来的计算机设计软件系统,它是计算机技术、信息技术和 CAM(计算机辅助制造)、CAT(计算机辅助测试)等技术发展的产物。利用 EDA 工具,电子设计师可以从概念、算法、协议等开始设计电子系统,大量工作可以通过计算机完成,并可以将电子产品从电路设计、性能分析、器件制作到设计印制板的整个过程在计算机上自动处理完成。

人类社会已进入到高度发达的信息化时代,信息社会的发展离不开电子产品的进步。现代电子产品在性能提高、复杂度增大的同时,价格却一直呈现下降趋势,而且产品更新换代的步伐也越来越快,实现这种进步的主要因素是生产制造技术和电子设计技术的发展。前者以微细加工技术为代表,目前已进展到亚微米阶段,可以在几平方厘米的芯片上集成数千万个晶体管;后者的核心就是 EDA 技术,EDA 是以计算机为工作平台,融合应用电子技术、计算机技术、智能化技术最新成果而研制成的电子 CAD 通用软件包,主要能辅助进行三方面的设计工作:IC(Integrated Circuit Design)设计、电子线路设计和印制板设计。没有 EDA 技术的支持,想要完成上述超大规模集成电路的设计制造是不可想象的,反过来,生产制造技术的不断进步又必将对 EDA 技术提出新的要求。

本书主要介绍 EDA 技术中的印制板设计,采用的软件为 Protel 99SE。

1.2 Protel 99SE 组成

Protel 软件包是 20 世纪 90 年代初,由澳大利亚 Protel Technology 公司研制开发的,应用于 Windows9X/2000/NT 操作系统下的 EDA 设计软件,采用设计库管理模式,可以进行联网设计,具有很强的数据交换能力和开放性及 3D 模拟功能,是一个 32 位的设计软件,可以完成原理图、印制板设计、可编程逻辑器件设计和电路仿真等,可以设计 32 个信号层,16 个电源/地层和 16 个机械加工层,公司网址为 www. protel. com,用户如果需要进行软件升级或获取更详细的资料,可以到上述网站查询。

Protel 99SE 中主要功能模块如下:

☆Advanced Schematic 99SE(原理图设计系统)

该模块主要用于电路原理图设计、原理图元件设计和各种原理图报表生成等。

☆Advanced PCB 99SE(印刷电路板设计系统)

该模块提供了一个功能强大和交互友好的 PCB 设计环境,主要用于 PCB 设计、元件封装设计、报表形成及 PCB 输出。

☆Advanced Route 99SE(自动布线系统)

该模块是一个集成的无网格自动布线系统,布线效率高。

☆Advanced Integrity 99SE(PCB 信号完整性分析)

该模块提供精确的板级物理信号分析,可以检查出串扰、过冲、下冲、延时和阻抗等问题,并能自动给出具体解决方案。

☆Advanced SIM 99SE(电路仿真系统)

该模块是一个基于最新 Spice3.5 标准的仿真器,为用户的设计前端提供了完整、直观的解决方案。

☆Advanced PLD 99SE(可编程逻辑器件设计系统)

该模块是一个集成的 PLD 开发环境,可使用原理图或 CUPL 硬件描述语言作为设计前端,能提供工业标准 JEDEC 输出。

本书主要介绍 Protel 99SE 软件中的 Advanced Schematic 99SE 和 Advanced PCB 99SE 两个模块。

1.3　Protel 99SE 软件的安装

1.3.1　运行 Protel 99SE 推荐的硬件配置

☆CPU:Pentium Ⅱ 1G 以上;

☆内存:128 MB 以上;

☆硬盘:5 GB 以上可用的硬盘空间;

☆操作系统:Windows 98 版本以上;

☆显示器:17 寸 SVGA ,显示分辨率:1 024 ×768 像素以上。

1.3.2　Protel 99SE 软件的安装

1.将 Protel 99SE 软件光盘放入计算机光盘驱动器中。

2.放入 Protel 99SE 系统光盘片后,系统将激活自动执行文件,屏幕出现图 1 - 1 - 1 所示的欢迎信息。如果光驱没有自动执行的功能,可以在 Windows 环境中打开光盘,运行光盘中的"setup.exe"文件进行安装。

3.单击 Next 按钮,屏幕弹出用户注册对话框,提示输入序列号及用户信息,如图 1 - 1 - 2 所示,正确输入供应商提供的序列号后,单击 Next 按钮进入下一步。

4.单击 Next 按钮后,屏幕提示选择安装路径,一般不作修改。再次单击 Next 按钮,选择安装模式,一般选择典型安装(Typical)模式。继续单击 Next 按钮,屏幕提示指定存放图

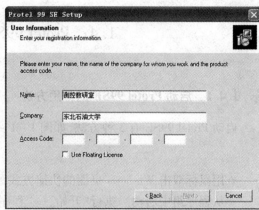

图 1-1-1　安装软件的欢迎信息　　　　图 1-1-2　软件填写信息对话框

标文件的程序组位置,如图 1-1-3 所示。

　　5. 设置好程序组,单击 Next 按钮,系统开始复制文件,如图 1-1-4 所示。

　　6. 系统安装结束,屏幕提示安装完毕,单击 Finish 按钮结束安装,系统在桌面产生 Protel 99SE 的快捷方式。

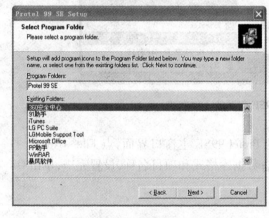

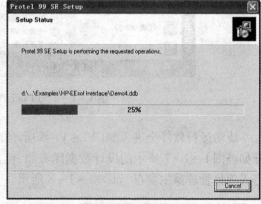

图 1-1-3　指定程序组　　　　　　　　图 1-1-4　复制文件

1.3.3　Protel 99SE 补丁软件的安装

　　Protel 公司相继发布了一些补丁软件,目前,最新的补丁软件版本为 Protel 99SE Service Pack 6。该软件由 Protel 公司免费提供给用户,用户可以到公司网站上下载,在其中选择 Protel 99SE SP6 下载最新的 Protel 99SE 补丁软件。

　　下载补丁软件后,执行该补丁(Protel 99SE servicepack6. exe),屏幕出现版权说明,单击 "I accept the terms of the License Agreement and wish to CONTINUE" 按钮,屏幕弹出安装路径 设置对话框,单击 Next 按钮,软件自动进行安装。

1.4　Protel 99SE 软件的启动

1.4.1　启动 Protel 99SE 的常用方法

启动 Protel 99SE 有 3 种方法,如图 1 - 1 - 5 所示。

☆用鼠标双击 Windows 桌面的快捷方式图标 Client99SE.exe 进入 Protel 99SE。
☆从程序组中启动。执行"开始"→"程序"→Protel 99SE,进入 Protel 99SE。
☆通过开始菜单启动。执行"开始"→Protel 99SE,进入 Protel 99SE。

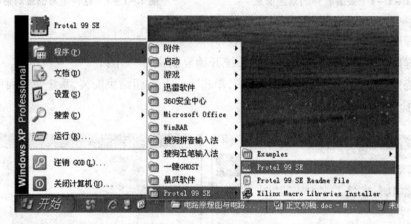

图 1 - 1 - 5　Protel 99SE 启动的 3 种方法

成功运行软件会进入如图 1 - 1 - 6 所示的 Protel 99SE 主窗口界面,点 File→New 会打开如画图 1 - 1 - 7 所示的设计数据库界面,包含数据库格式和项目名称,设置完毕,单击 OK 进入项目管理器主窗口,如图 1 - 1 - 8 所示。

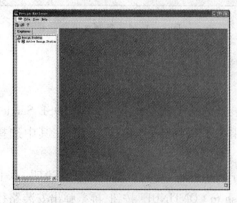

图 1 - 1 - 6　Protel 99SE 主窗口

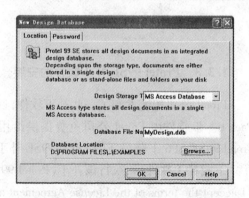

图 1 - 1 - 7　创建新的设计数据库文件

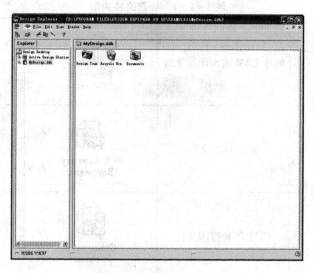

图 1 - 1 - 8　项目管理器主窗口

Protel 99SE 主菜单的主要功能是进行各种文件命令操作、设置视图的显示方式和编辑操作等,它包括 File、Edit、View、Window 和 Help 五个下拉菜单。

1.4.2　启动各种编辑器

进入图 1 - 1 - 8 所示的界面后,双击 Documents 选项卡确定文件存放位置,然后执行菜单 File→New,屏幕弹出 New Document 对话框,如图 1 - 1 - 9 所示,双击所需的文件类型,进入相应的编辑器。

为了便于管理文件,通常根据需要,可以在项目的数据库文件中建立新的文件夹,并将一个设计项目所包含的各种文件保存在同一个或几个文件夹中,以便于分辨和查找电路。

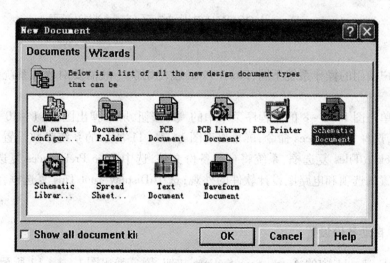

图 1 - 1 - 9　新建文件对话框

Protel 99SE 可以建立十种文件类型,各类型的图标及说明如表 1 - 1 - 1 所示。

表 1 - 1 - 1　新建文件类型

CAM output configuration	创建 CAM 输出配置文件	Document Folder	创建文件夹
PCB Document	创建 PCB 文件	PCB Library Document	创建 PCB 库文件
PCB Printer	创建 PCB 打印文件	Schematic Document	创建原理图文件
Schematic Library Document	创建原理图库文件	Spread Sheet Document	创建表格文件
Text Document	创建文本文件	Waveform Document	创建波形文件

1.5　Protel 99SE 软件的系统参数设置

根据用户使用的操作系统不同,Protel 99SE 在使用前一般需要对软件系统参数进行一些设置。

用鼠标单击图 1 - 1 - 8 的主程序菜单中的 ⇒ 按钮,屏幕弹出图 1 - 1 - 10 所示的菜单选项对话框,选择 Preferences 命令,屏幕出现图 1 - 1 - 11 所示的系统参数设置对话框。选中 Create Backup Files 复选框,系统将自动备份文件;选中 Save Preferences 复选框,则保存对话框中设置的选项和电路图设计软件的外观;选中 Display Tool Tips 复选框,电路中可以显示工具栏。

1.5.1　自动备份设置

单击图 1 - 1 - 11 中的 Auto - Save Settings 按钮,屏幕弹出图 1 - 1 - 12 所示的自动备份设置对话框,其中 Number 框中设置一个文件的备份数;Time Interval 框中设置自动备份的时间间隔,单位为分钟;单击 Browse 按钮可以指定保存备份文件的文件夹。

图 1 - 1 - 10　菜单选项

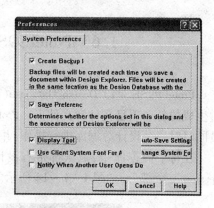

图 1 - 1 - 11　系统参数设置

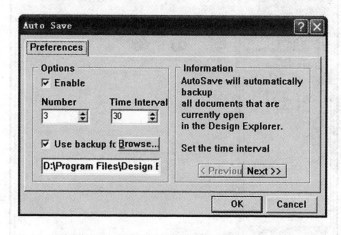

图 1 - 1 - 12　自动备份设置对话框

1.5.2　字体设置

单击图 1 - 1 - 11 中的 Change System Font 按钮,屏幕弹出图 1 - 1 - 13 所示的字体设置对话框,可以进行字体、字体式样、字号大小、字体颜色等设置。

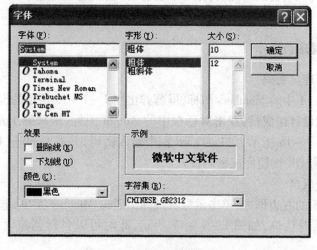

图 1 - 1 - 13　字体设置对话框

1.6　Protel 99SE 软件的项目设计组管理

Protel 99SE 是以 Design Database(设计数据库)的形式管理库中的所有信息,包括设计时生成的各个项目文件和文件夹。Protel 99SE 支持网络操作,支持团队开发,允许设计组成员同时对一个设计数据库进行操作,并提供了一系列安全保障措施。

在每个数据库中,默认都带有设计工作组(Design Team),包括 Member、Permission 和 Session 三个部分,如图 1 - 1 - 14 所示。

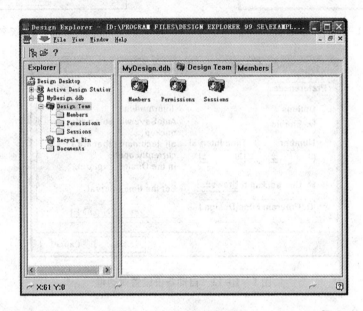

图 1 - 1 - 14　设计工作组

Members 自带两个成员,即系统管理员(Admin)和客户(Guest)。新建一个项目数据库时,一般建库者即为该项目的管理员,他可以设置密码、创建设计组成员和设置成员的工作权限。

1.6.1　系统管理员操作

1.设置系统管理员密码

双击图 1 - 1 - 14 中的 Members 图标,屏幕弹出图 1 - 1 - 15 所示的设计组成员对话框,显示当前已存在的设计组成员,双击对话框中的 Admin 图标,屏幕弹出系统管理员密码设置对话框,如图 1 - 1 - 16 所示,在 Password 栏中输入密码,并在 Confirm Password 栏中再次输入相同密码,单击 OK 按钮完成密码设置。

2.创建设计组成员

在图 1 - 1 - 15 的右边框中,单击鼠标右键弹出 New Member 菜单,选中该菜单,屏幕弹出创建工作组成员对话框,如图 1 - 1 - 17 所示,此时可以自行创建设计组成员,并设置密码。

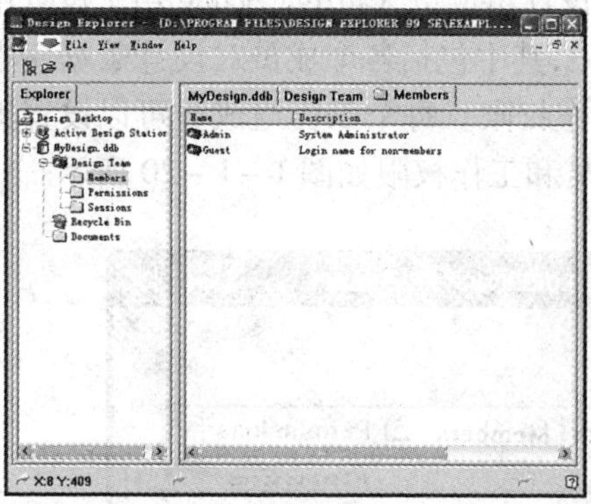

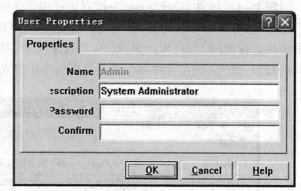

图 1 – 1 – 15　设计组成员对话框　　　　图 1 – 1 – 16　设置系统管理员密码

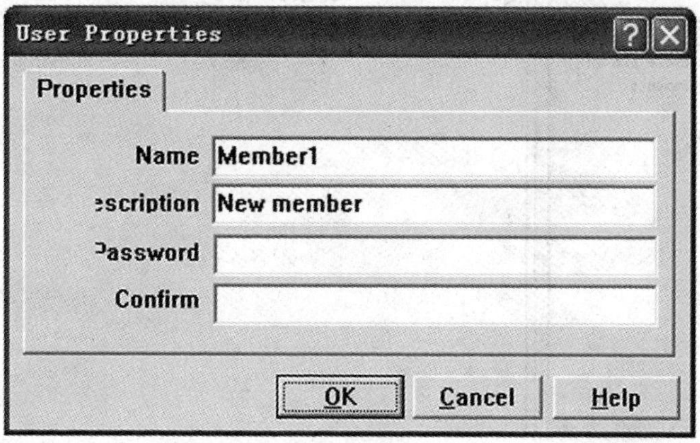

图 1 – 1 – 17　创建设计组成员

3. 设置工作组成员的工作权限

在图 1 – 1 – 14 所示的设计工作组 (Design Team) 中,双击 Permission 图标,屏幕弹出图 1 – 1 – 18 所示的 Permission 选项卡,在图 1 – 1 – 18 中再次单击鼠标右键,弹出 New Rule 菜单,选中后屏幕弹出工作权限设置对话框,如图 1 – 1 – 19 所示。

图 1 – 1 – 18　Permission 文档面板图

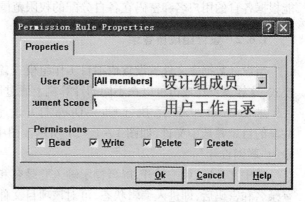

图 1 – 1 – 19　工作权限设置对话框

图 1－1－19 中，User Scope 下拉列表框用于选择设计组成员，Current Scope 用于设置用户工作目录，Permissions 用于设置当前成员的工作权限，其中包括各个成员对设计数据库中的文件进行读（R）、写（W）、删除（D）和创建（C）等操作权限。每个工作组成员可以设置不同的权限，访问不同的文件夹。设置完毕的工作组成员和工作权限如图 1－1－20 所示。

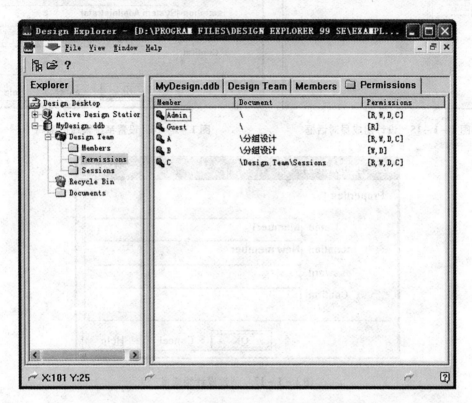

图 1－1－20　设置完毕的工作组成员和权限

用鼠标右击工作组成员，屏幕弹出一个菜单，选择 New Rule 可以新建设计权限；选择 Delete 可以删除当前成员；选择 Properties 可以设置当前成员的工作属性。

一旦将设计数据库设计成项目工作组模式，每次启动设计数据库，每个工作组成员只能根据各自的用户名和密码在各自分配的权限范围内进行设计工作。

1.6.2　设计组成员登录

当设计数据库文件被设置成项目工作组模式，需要共同使用的文件夹必须设置为共享模式，这样各设计成员可以在不同的计算机上通过局域网进行联网设计。

进入 Protel 99SE 后，执行 File→Open 打开设计项目文件，此时可以在网上邻居中搜寻共享的目录并选中文件，如图 1－1－21 所示。图中的项目文件服务器为 Dz－2，项目的目录为"联网设计"。

选中文件后，单击打开，屏幕提示输入登录名和密码，如图 1－1－22 所示，输入正确的登录名和密码后，即进入编辑状态，可对该项目文件进行设计，设计的权限由前面系统管理员设置。

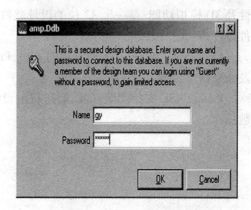

图 1 – 1 – 21　调用联网的项目图　　　　　图 1 – 1 – 22　工作组成员

1.6.3　锁定文档

在设计过程中,有些成员希望自己在操作某文档时,其他成员不能更改此文档,可以使用 Protel 99SE 提供的文档锁定功能。一经锁定,其他成员就无权修改。在设计工作组(Design Team)中,双击 Sessions 文件夹,移动鼠标到要锁定的文档名上,单击鼠标右键,选择弹出菜单中的 Lock 命令锁定文档,如图 1 – 1 – 23 所示。要解除对文档的锁定,只需将鼠标移动到要解除锁定的文档名上,单击鼠标右键,选择弹出菜单的 Unlock 命令即可。

```
C:\Documents and Settings\Administrator\桌面\amp.Ddb                    _ □ X

 amp.Ddb  Design Team  Members  Permissions  📁 Sessions

 Name          Location        Member    Machine    Context ID    Status
 amp.Ddb       \               gy        GY         00001A8C      Locked
 Design Team   \               gy        GY         00001A8C
 Members       \Design Team\   gy        GY         00001A8C
 Sessions      \Design Team\   gy        GY         00001A8C
 Permissions   \Design Team\   gy        GY         00001A8C
```

图 1 – 1 – 23　锁定文档

1.7　本 章 小 结

EDA 技术是在 CAD 技术基础上发展起来的计算机设计软件。利用 EDA 工具,可以缩短设计周期,提高设计效率,减小设计风险。对于电路设计师来说,正确应用仿真分析验证方案,评价分析结果,是有效应用 EDA 工具、提高设计质量的重要一环。

Protel 99SE 是采用设计库管理模式,可进行联网设计,具有很强的数据交换能力和开放性及 3D 模拟功能,是一个 32 位的设计软件,可以完成原理图、印制板设计和可编程逻辑器件设计等。

启动 Protel 99SE 有 3 种常用的方法,Protel 99SE 主窗口中包括菜单栏、工具栏、状态栏及命令指示栏等。

Protel 99SE 支持团队开发,通过权限设置,允许多个成员通过网络同时操作同一个设计数据库。

第2章 绘制电路原理图

2.1 Protel 99SE 原理图编辑器

原理图编辑器主要用于绘制电路的原理图,并可以在图中添加波形及电路说明文字。

2.1.1 启动电路原理图编辑器

鼠标双击启动 Protel 99SE 工程软件,新建项目数据库文件,进入图1-1-8所示的界面后,双击 Documents 选项卡,可以定义新文件夹并确定文件存放位置,然后执行 File→New,屏幕弹出 New Document 对话框,如图1-1-9所示,在 Documents 下建立新文档,图中为新建原理图,即双击文件名为 Schematic Document 的图标,新建原理图文件,如图1-2-1所示,系统默认文件名为 Sheet1,可以利用鼠标右键点击展开菜单选项 Rename 直接修改文件名,图1-2-1中改名为 amp。然后双击文件图标,进入编辑器。

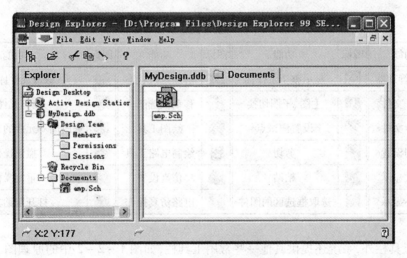

图1-2-1 新建原理图文件

2.1.2 原理图编辑器

图1-2-2所示为原理图编辑器,包括主菜单、主工具栏、设计管理器、工作窗口、状态栏等。

SCH99SE 提供有形象直观的工具栏,用户可以单击工具栏上的按钮来执行常用的命令。主工具栏按钮功能如表1-2-1所示。

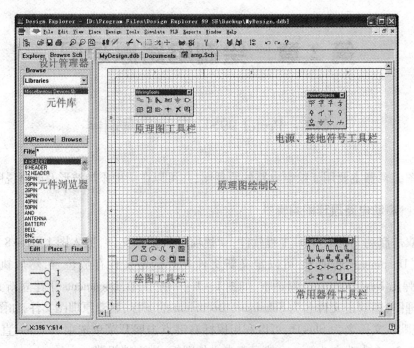

图 1 - 2 - 2　原理图编辑器

表 1 - 2 - 1　主工具栏按钮功能表

图标	功能	图标	功能	图标	功能	图标	功能
	项目管理器		显示整个工作面		解除选取状态		修改元件库设置
	打开文件		主图、子图切换		移动被选图件		浏览元件库
	保存文件		设置测试点		绘图工具		修改同一元件的某功能单元
	打印设置		剪切		绘制电路工具		撤销操作
	放大显示		粘贴		仿真设置		重复操作
	缩小显示		选取框选区的图件		电路仿真操作		打开帮助文件

除主工具栏外,系统还提供其他一些常用工具栏,如图 1 - 2 - 2 中的原理图工具栏、绘图工具栏、常用器件工具栏、电源接地符号工具栏等。

【注意】　在实际使用中,为了保证元件浏览器显示完整,必须把显示器的分辨率设置为 1 024 × 768 以上。

2.2　原理图绘制入门

利用 Protel 99SE 进行电路设计可分为 3 个步骤,第一是绘制电路原理图,第二是根据原理图产生网络表,第三是印制电路板设计。原理图绘制是印制板设计的基础工作,其设计步骤如下,根据实际情况可以进行适当调整。

1. 新建原理图文件。
2. 设置图纸和工作环境。
3. 装载元器件库。
4. 放置所需的元器件、电源符号等。
5. 元器件布局和连线。
6. 放置标注文字等进行电路标注说明。
7. 电气规则检测、线路、标识调整与修改。
8. 产生相关报表。
9. 电路图存盘及输出。

2.2.1 新建文件

建立或打开项目数据库文件后,执行菜单 File→New 新建原理图文件,并直接修改原理图文件名。

如果不能直接修改文件名,可在新建的原理图文件的图标上单击鼠标右键,在弹出的菜单中选择 Rename 对文件进行重新命名。

双击原理图文件图标,进入图 1−2−2 所示的原理图编辑界面。

2.2.2 设计图纸设置

进入原理图编辑器后,一般要先设置图纸参数。其中,图纸格式是根据电路图的规模和复杂程度而定的,设置合适的图纸是设计好原理图的第一步。

1. 图纸格式设置

执行菜单 Design→Options,屏幕出现图 1−2−3 所示的文档参数设置对话框,选中 Sheet Options 选项卡进行图纸设置。

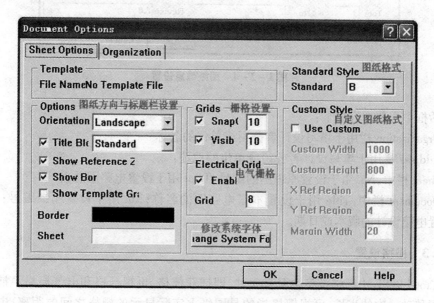

图 1−2−3 图纸参数设置

图中标准图纸格式(Standard Style)选项是用来设置图纸尺寸的,用鼠标左键单击下方的下拉列表框激活该选项,可选定图纸大小。各种标准图纸的大小比较为:A0,A1,A2,A3,A4 为公制标准,依此从大到小;A,B,C,D,E 为英制标准,依此从小到大;此外系统还提供了 Orcad 等其他一些图纸格式。

☆Custom Style 栏用于自定义图纸尺寸,单位为 mil。

☆Title Block 复选框用于设置是否显示标题栏和选择标题栏的模式,标题栏的模式有 Standard(标准模式)和 ANSI(美国国家标准协会模式)两种。

☆Show Reference Zones 复选框用于设置是否显示参考边框,一般设置为选中。

☆Show Border 复选框用于设置是否显示图纸边框,一般设置为选中。

☆Border Color 栏用于设置图纸边框颜色。

☆Sheet Color 栏用于设置工作区颜色。

2. 图纸信息设置

在图 1 - 2 - 3 中选中 Organization 选项卡,设置图纸信息,如图 1 - 2 - 4 所示。

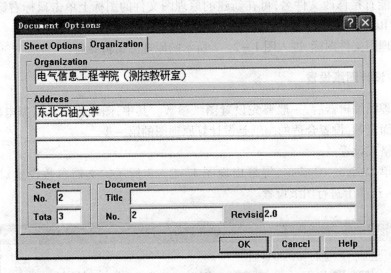

图 1 - 2 - 4   图纸信息设置

对话框中主要内容如下:

☆Organization 栏用于填写设计者公司或单位的名称。

☆Address 栏用于填写设计者公司或单位的地址。

☆Sheet 栏中,No. 用于设置原理图的编号;Total 用于设置电路图总数。

☆Document 栏中,Title 用于设置本张电路图的名称;No. 用于设置图纸编号;Revision 用于设置电路设计的版本或日期。

2.2.3   栅格设置

在 Protel 99SE 中栅格类型主要有 3 种,即捕获栅格、可视栅格和电气栅格。捕获栅格是指光标移动一次的步长;可视栅格指的是图纸上实际显示的栅格之间的距离;电气栅格指的是自动寻找电气节点的半径范围。

1. 栅格尺寸设置

图 1 - 2 - 3 中的 Grids 区用于设置栅格尺寸,其中 Snap 用于捕获栅格的设定,图中设定为 10 mil,即光标在移动一次的距离为 10 mil;Visible 用于可视栅格的设定,此项设置只影响视觉效果,不影响光标的位移量。例如 Visible 设定为 20 mil,Snap 设定为 10 mil,则光标移动两次走完一个可视栅格。

Electrical Grid 区用于电气栅格的设定,选中此项后,在画导线时,系统会以 Grid 中设置的值为半径,以光标所在的点为中心,向四周搜索电气节点,如果在搜索半径内有电气节点,系统会将光标自动移到该节点上,并且在该节点上显示一个圆点。

2. 栅格形状设置

执行菜单 Tools→Preferences,屏幕弹出系统参数设置对话框,选中 Graphical Editing 选项卡,在 Coursor/Grid Options(光标/栅格设置)区中设置光标和栅格形状,如图 1 - 2 - 5 所示。

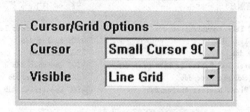

图 1 - 2 - 5　光标/栅格形状设置

Cursor Type 用于设置光标类型,有大十字、小十字和小 45 度三种。

Visable Grid 用于设置栅格形状,有 Dot Grid(点状栅格)和 Line Grid(线状栅格)两种。

2.2.4　绘制原理图工具

SCH 99SE 中提供有绘制原理图的工具,这些功能按钮与 Place 菜单下的相应命令功能相同,执行菜单 View→Toolbars→Wiring Tools 可以打开绘制原理图工具,该工具栏中各按钮的功能详见表 1 - 2 - 2。

表 1 - 2 - 2　画原理图工具按钮及功能

按钮图标	功能	按钮图标	功能
≈	画电气连线		放置层次电路图
	画总线		放置层次电路图输入/输出端口
	放置总线分支		放置电路节点
Net1	放置电源接地符号		放置线路节点
	放置电源接地符号	✕	设置忽略 ERC 检查点
	放置元件		放置 PCB 布线指示

2.2.5　设置元件库

在放置元件之前,必须先将元件所在的元件库载入内存。装载元件库的步骤如下。

1. 打开设计管理器,选择 Browse Sch 选项卡,单击 Add/Remove 按钮添加元件库,屏幕出现图 1 - 2 - 6 所示的添加/删除元件库对话框。

2. 在 Design Explorer 99 SE\Library\Sch 文件夹下选中元件库文件,然后双击鼠标或单击 Add 按钮,将元件库文件添加到库列表中,添加库后单击 OK 按钮结束添加工作,此时元件库的详细信息将显示在设计管理器中。

3. 如果要删除设置的元件库,可在图 1 - 2 - 6 中的 Selected Files 框中选中元件库,然后单击 Remove 按钮移去元件库。

图 1 - 2 - 6　添加/删除元件库

2.2.6　放置元件

1. 通过元件库浏览器放置元件

装入元件库后,在元件库浏览器中可以看到元件库、元件列表及元件外观,如图 1 - 2 - 7 所示。选中所需元件库,则该元件库中的元件将出现在元件列表中,双击元件名称(如 CAP)或单击元件名称后按 Place 按钮,元件以虚线框的形式粘在光标上,按键盘上的 < Tab > 键,弹出图 1 - 2 - 8 所示元件属性对话框,可以修改元件的属性。设置好属性后,将元件移动到合适位置后,再次单击鼠标左键,放置元件,单击鼠标右键退出放置状态。

元件放置好后,双击元件也可以修改元件属性,屏幕弹出图 1 - 2 - 8 元件属性对话框,可以设置元件的标号(Designator)、封装形式(Footprint)及标称值或型号(Part Type)等。

图 1-2-7　元件库及元件列表

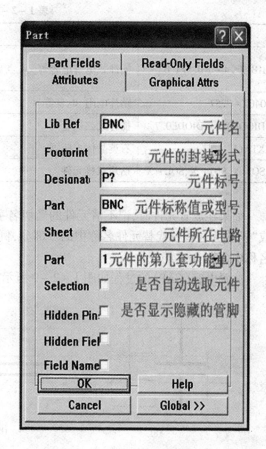

图 1-2-8　元件属性对话框

Designator 设置元件的标号,同一个电路中的标号不能重复。若某个元件由多个部件组成(如元件 74LS00 包含有 4 个与非门),元件标号为 U1,则每个与非门的标号分别为 U1A、U1B 等。

☆Part Type 设置元件在电路图上的标称值或型号。

☆Footprint 设置元件的封装形式。

【注意】　Footprint 用于设置元件的封装形式,通常应该给每个元件设置封装,而且名字必须正确,否则在印制板自动布局时会丢失元件。

常用元件的封装形式如表 1-2-3 所示。

表 1-2-3　常用元件的封装形式

元件封装型号	元件类型	元件封装型号	元件类型
AXIAL0. 3 ~ AXIAL1. 0	插针式电阻或无极性双端子元件等	TO-3 ~ TO-220	插针式晶体管、FET 与 UJT
RAD0. 1 ~ RAD0. 4	插针式无极性电容、电感等	DIP6 ~ DIP64	双列直插式集成块

表 1 - 2 - 3（续）

元件封装型号	元件类型	元件封装型号	元件类型
RB. 2/. 4 ~ RB. 5/1. 0	插针式电解电容等	SIP2 ~ SIP20、FLY4	单列封装的元件或连接头
0402 ~ 7257	贴片电阻、电容等	IDC10 ~ IDC50P、DBX 等	接插件、连接头等
DIODE0. 4 ~ DIODE0. 7	插针式二极管	VR1 ~ VR5	可变电阻器
XTAL1	石英晶体振荡器	POWER4、POWER6、SIPX	电源连接头
SO - X、SOJ - X、SOL - X	贴片双排元件		

如果在放置元件时,记不清元件的确切名字,可以在元件浏览器的 Filter 栏中输入" * "或"?"作为通配符代替元件名称中的一部分,例如 * RES * 后回车,元件列表中将显示所有名称中含有 RES 的元件。

放置电容(CAP)的过程如图 1 - 2 - 9 所示。

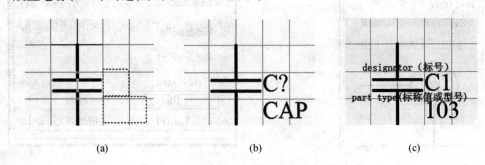

(a)   (b)   (c)

图 1 - 2 - 9   放置元件

(a)放置元件初始状态;(b)放置好的元件;(c)定义好标号的元件

2. 通过菜单放置元件

执行菜单 Place→Part,或单击绘制原理图工具上的 按钮,屏幕弹出图 1 - 2 - 10 所示的放置元件对话框,其中 Lib Ref 框中输入需要放置的元件名称,如 CAP,单击 Browse 按钮可以进行元件浏览;Designator 框中输入元件标号,如 C1;Part Type 栏中输入标称值或元件型号,如 103;Footprint 框用于设置元件的封装形式,如 RAD0. 2。所有内容输入完毕,单击 OK 按钮确认,此时元件便出现在光标处,单击左键放置。

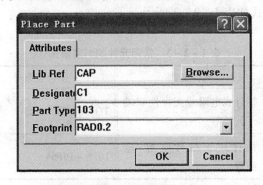

图 1 - 2 - 10   放置元件对话框

★ 如何调出 SCH 元件并进行属性设置（图 1 – 2 – 11）

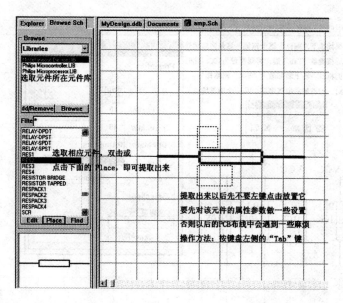

图 1 – 2 – 11

★ 如何正确设置 SCH 元件的属性（图 1 – 2 – 12）

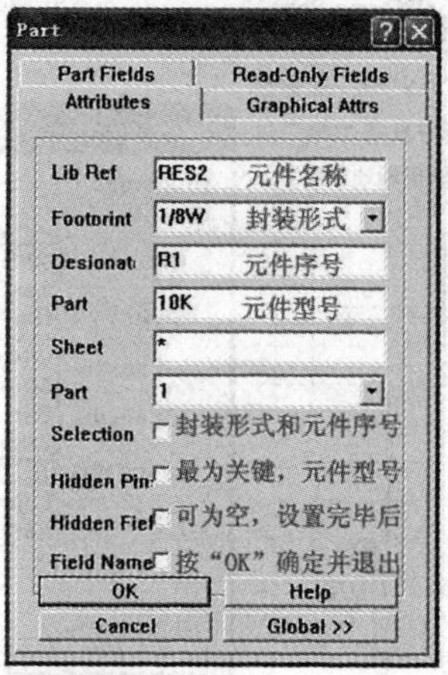

图 1 – 2 – 12

★网络标号的使用（图 1 - 2 - 13）

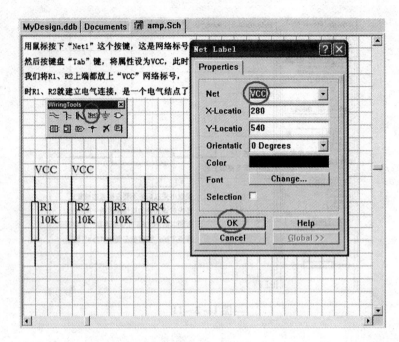

图 1 - 2 - 13

★电源/地的设置（图 1 - 2 - 14）

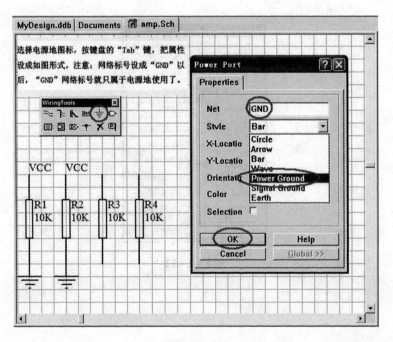

图 1 - 2 - 14

★连线工具的使用(图 1 - 2 - 15)

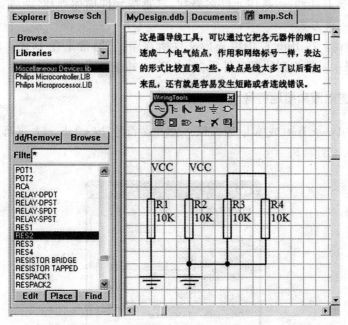

图 1 - 2 - 15

3. 查找元件

放置元件时,如果不知道元件在哪个元件库中,可以使用 Protel 99SE 强大的搜索功能,方便地查找所需元件。单击图 1 - 2 - 7 中的 Find 按钮,打开图 1 - 2 - 16 所示的查找元件

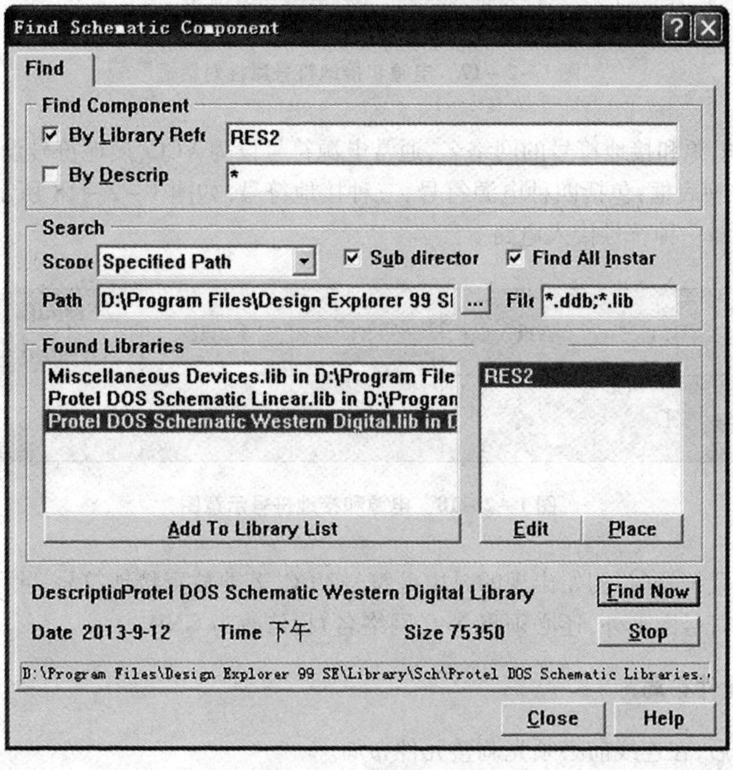

图 1 - 2 - 16　查找元件对话框

对话框。

（1）查找方案有两种：一是按元件名查找，二是按元件描述查找，两种方案可以同时使用，通常采用第一种方案。

（2）查找路径。在 Path 栏中填入库文件所在路径，通常是在 Design Explorer 99 SE\Library\Sch 目录中。搜索到所需元件后，单击 Place 按钮，可以放置该元件。

2.2.7　放置电源和接地符号

执行 Place→Power Port，或单击 🏳️ 按钮，放置电源符号，按 <Tab> 键，屏幕出现图 1 − 2 − 17 所示设置对话框，说明如下。

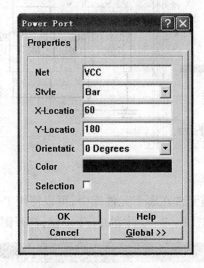

图 1 − 2 − 17　电源和接地符号属性对话框

Net：设置电源和接地符号的网络名，通常电源符号设为 VCC，接地符号设为 GND。

Style 下拉列表框：包括四种电源符号，三种接地符号，如图 1 − 2 − 18 所示，在使用时根据实际情况选择一种符号接入电路。

Circle	Bar	Arrow	Wave	Earth	Signal Ground	Power Ground
⑨	T	⑨	⑨	⑨	⑨	⑨

图 1 − 2 − 18　电源和接地符号示意图

由于在放置符号时，初始出现的是电源符号 VCC，若要放置接地符号，除了在 Style 下拉列表框中选择符号图形外，还必须将 Net（网络名）栏修改为 GND。

2.2.8　元件布局

放置元件后，在连线前必须先调整元件布局。

1. 元件的选中与取消选中

对元件进行各种布局操作前,首先要选中元件,选中元件的方法有以下几种。

（1）通过菜单 Edit→Select。

（2）通过菜单 Edit→Toggle Selection。

（3）利用工具栏按钮选中元件。单击主工具栏上的 ▦ 按钮,拉框选中框内图件。

（4）直接用鼠标点取。一般执行所需的操作后,必须取消元件的选中状态,取消的方法有以下 3 种。

☆通过菜单 Edit→Deselect。

☆通过菜单 Edit→Toggle Selection。

☆单击主工具栏上的 ✕ 按钮,取消所有的选中状态。

2. 移动元件

常用的方法是用鼠标左键点中要移动的元件,并按住鼠标左键不放,将元件拖到要放置的位置。

单击主工具栏上的 ✛ 按钮,可以移动已选取的对象。

☆执行菜单 Edit→Move→Drag,可以连线与元件一起拖动。

☆执行菜单 Edit→Move→Move,只可以移动元件。

3. 元件的旋转

用鼠标左键点住要旋转的元件不放,按 < Space > 键逆时针 90 度旋转,按 < X > 键水平方向翻转,按 < Y > 键垂直方向翻转。

4. 元件的删除

要删除某个元件,可用鼠标左键单击要删除的元件,按 < Delete > 键删除该元件,也可执行 Edit→Delete,用鼠标单击要删除的元件进行删除。

2.2.9　线路连接

元件的位置调整好后,下一步是对各元件进行线路连线。

1. 连接元件

单击画电气连线按钮 ≈,或单击右键,在弹出的菜单中选择 Place Wire,光标变为“十”字状,系统处在画导线状态,按下 < Tab > 键,出现图 1 - 2 - 19 所示的导线属性对话框,可以修改连线粗细和颜色。

将光标移至所需位置,单击鼠标左键,定义导线起点,将光标移至下一位置,再次单击鼠标左键,完成两点间的连线,单击鼠标右键,结束此条连线。这时仍处于连线状态,可继续进行线路连接,若双击鼠标右键,则退出画线状态。

在连线转折过程中,单击空格键可以改变连线的转折方式,有直角、任意角度、自动走线和45°走线等方式。

在连线中,当光标接近管脚时,出现一个圆点,这个圆点代表电气连接的意义,此时单击左键,这条导线就与管脚之间建立了电气连接。

2. 放置节点

节点用来表示两条相交导线是否在电气上连接。没有节点,表示在电气上不连接,有节点,则表示在电气上是连接的。

图 1 – 2 – 19　导线属性对话框

执行菜单 Tools→Preferences,在 Schematic 选项卡中,选中 Options 区的 Auto Junction 复选框,则当两条导线呈"T"相交时,系统将会自动放置节点,但对于呈"十"字交叉的导线,不会自动放置节点,必须采用手动放置,如图 1 – 2 – 20 所示。

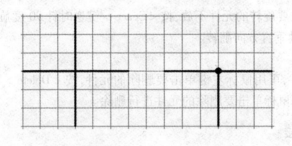

"十"字相连处　　　　　　　"T"字相连处
不会自动放置节点　　　　　自动放置节点

图 1 – 2 – 20　"十"字和"T"字相连处的处理

单击节点,出现虚线框后,按 < Delete > 键可以删除该节点。

执行菜单 Place→Junction,或单击 按钮,进入放置节点状态,此时光标上带着一个悬浮的小圆点,将光标移到导线交叉处,单击鼠标左键即可放下一个节点,单击右键退出放置状态。当节点处于悬浮状态时,按下 < Tab > 键,弹出节点属性对话框,可设置节点大小。

连线后的 555 电路如图 1 – 2 – 21 所示,图中元件的属性还未定义。

2.2.10　编辑元件属性

从元件浏览器中放置到工作区的元件都是尚未定义元件标号、标称值和封装形式等属性的,因此必须重新逐个设置元件的参数。

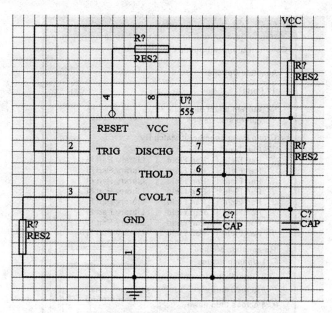

图 1 - 2 - 21 连接后的 555 电路

1. 元件属性编辑

双击元件,屏幕出现图 1 - 2 - 8 所示的元件属性对话框,其中 Attributes(属性)选项卡主要内容如下:Lib Ref:元件库中的名称,它不显示在图纸上;Footprint:器件封装形式,为 PCB 设置了元件的安装空间和焊盘尺寸;Designator:元件标号,必须是唯一的;Part Type:元件型号或标称值,缺省值与 Lib Ref 中的元件名称一致;Part:元件的功能单元,若在该选项中设置为 1,则表示选用第一个功能单元,为 2,则表示选用第二个功能单元,以此类推。

每个元件一般要设置好标号、标称值(或型号)和封装形式。

2. 重新标注元件标号

图 1 - 2 - 21 中,所有的元件均没有设置标号,元件的标号可以在元件属性对话框中设置,也可以统一标注。统一标注通过执行菜单 Tools→Annotate 实现,系统将弹出图 1 - 2 - 22 所示的对话框。

图 1 - 2 - 22 中 Annotate Options 下拉列表框共有三项,其中 All Parts 用于对所有元件进行标注;Parts 用于对电路中尚未标注的元件进行标注;Reset Designators 则用于取消电路中元件的标注,以便重新标注;Current Sheet Only 复选框设置是否仅修改当前电路中的元件标号;而下方的 Group Parts Together if Match By 用于选择元件分组标注,一般取 Part Type;Re - annotate Method 区设置重新标注的方式。

对图 1 - 2 - 21 的电路进行重新标注,系统产生重新标注的报告表,如图 1 - 2 - 23 所示。重新标注并设置好标称值的电路如图 1 - 2 - 24 所示。

3. 利用全局修改功能统一设置同种元件的封装形式

当电路中含有大量同种元件,若要逐个设置元件封装,费时费力,且易造成遗漏。Protel 99SE 提供有全局修改功能,可以进行统一设置,下面以电阻为例说明统一设置元件封装形式的方法。

双击电阻,屏幕弹出图 1 - 2 - 8 所示的元件属性对话框,单击 Global >> 按钮,出现图

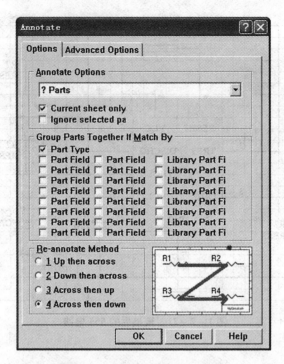

图 1 – 2 – 22　元件重新标注对话框

```
Protel Advanced Schematic Annotation Report for '555.sch'

R?                      => R1
R?                      => R2
R?                      => R3
R?                      => R4
U?                      => U1
C?                      => C1
C?                      => C2
```

图 1 – 2 – 23　重新标注报告表

1 – 2 – 25 所示的对话框。图中 Attributes To Match By 栏是源属性栏,即匹配条件,用于设置要进行全局修改的源属性;Copy Attributes 栏是目标属性栏,即复制内容,用于设置需要复制的属性内容;Change Scope(修改范围)下拉列表框用于设置修改的范围。

　　图中元件的名称为 RES2,元件的封装形式为 AXIAL0.4,在 Attributes To Match By 栏中的 Lib Ref 选项中填入 RES2;在 Copy Attributes 栏中的 Footprint 栏中填入 AXIAL0.4;在 Change Scope 下拉列表框中选择 Change Matching Items In Current Document(修改当前电路中的匹配目标),并单击 OK 按钮,则原理图中所有库元件名为 RES2(电阻)的封装形式全部定义为 AXIAL0.4。

2.2.11　放置文字说明

　　在绘制电路时,通常要在电路中放置一些文字来说明电路,这些文字可以通过放置标注文字的方式实现。

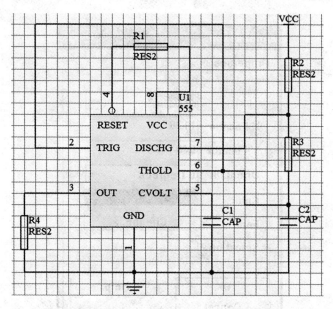

图 1 - 2 - 24 重新标注后的 555 电路

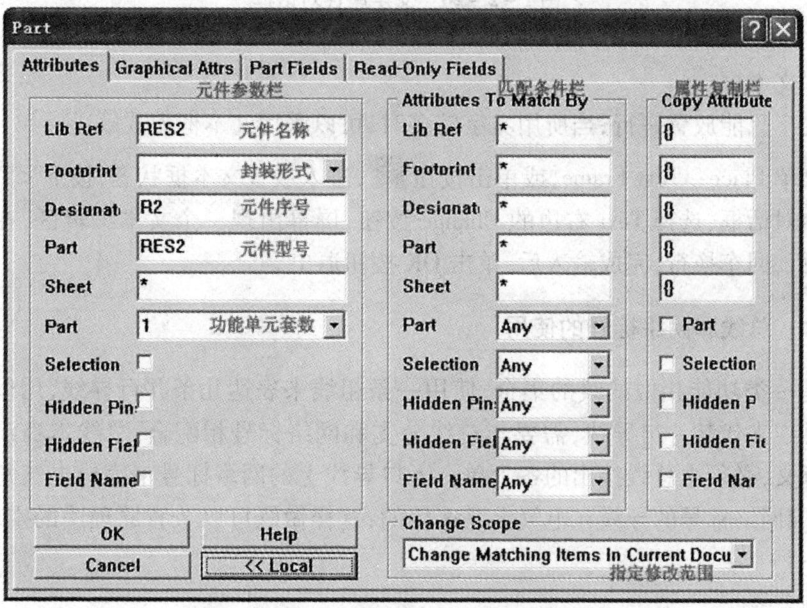

图 1 - 2 - 25 同种元件封装的统一设置

1. 放置标注文字

执行菜单 Place→Annotation,或单击按钮 **T**,按下 < Tab > 键,调出标注文字属性对话框,如图 1 - 2 - 26 所示,在 Text 栏中填入需要放置的文字(最大为 255 个字符);在 Font 栏中,单击 Change 按钮,可改变文字的字体及字号,设置完毕单击 OK 按钮结束。将光标移到需要放置标注文字的位置,单击鼠标左键放置文字,单击鼠标右键退出放置状态。

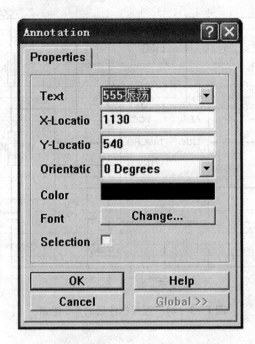

图 1 - 2 - 26 文字属性对话框

2. 放置文本框

标注文字只能放置一行,当所用文字较多时,可以采用文本框方式解决。

执行菜单 Place→Text Frame,或单击按钮 █,进入放置文本框状态,按下 <Tab> 键,屏幕出现属性对话框,选择 Text 右边的 Change 按钮,屏幕出现一个文本编辑区,在其中输入文字,满一行,回车换行,完成输入后,单击 OK 按钮退出。

2.2.12 总线和网络标号的使用

总线是一类功能相似的线的集合,使用一条粗线来表达几条并行导线,用以简化原理图。使用总线来代替一组导线,需要与总线分支和网络标号相配合,总线本身没有实质的电气连接意义,必须由总线接出的各个单一入口导线上的网络标号来完成电气意义上的连接,具有相同网络标号的导线在电气上是连接的,这样做既可以节省原理图的空间,又便于读图。

1. 绘制总线

在应用总线绘制原理图时,一般通过工具栏上按钮 ≋ 先画元件管脚的引出线,然后再绘制总线。

执行菜单 Place→Bus 或单击工具栏上按钮 ╆,进入放置总线状态,将光标移至合适的位置,单击鼠标的左键,定义总线起点,将光标移至另一位置,单击鼠标左键,定义总线的下一点,如图 1 - 2 - 27 所示。连线完毕,单击鼠标的右键退出放置状态。

在画线状态时,按 <Tab> 键,屏幕弹出总线属性对话框,可以修改线宽和颜色。

2. 放置总线分支

元件管脚与总线的连接通过总线分支实现,总线分支是 45°或 135°倾斜的短线段。

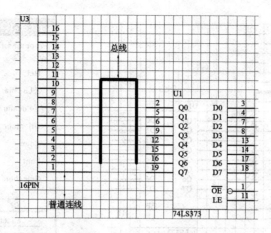

图 1 - 2 - 27   放置总线

执行菜单 Place→Bus Entry,或单击 按钮,进入放置总线分支的状态,此时光标上带着悬浮的总线分支线,将光标移至总线和管脚引出线之间,按空格键变换倾斜角度,单击鼠标左键放置总线分支线,如图 1 - 2 - 28 所示。

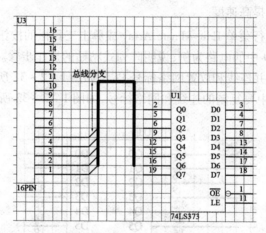

图 1 - 2 - 28   放置总线分支

3. 放置网络标号

在复杂的电路图中,通常使用网络标号来简化电路,具有相同网络标号的图件之间在电气上是相通的。网络标号和标注文字不同,前者具有电气连接功能,后者只是说明文字。

放置网络标号可以通过执行菜单 Place→Net Label 实现,或单击 按钮进入放置网络标号状态,此时光标处带有一个虚线框,将虚线框移动至需要放置网络标号的图件上,当虚线框和图件相连处出现一个小圆点时,表明与该导线建立电气连接,单击鼠标左键放下网络标号,将光标移至其他位置可继续放置,如图 1 - 2 - 29 所示,单击鼠标右键退出放置状态。

当光标上带着虚线框时,按 <Tab> 键,系统弹出图 1 - 2 - 30 所示的网络标号属性对话框,可以修改网络标号名、标号方向等。

图 1 - 2 - 29 中,U3 的 1 脚及 U1 的 2 脚,均标上网络标号 PC0,在电气特性上它们是相连的。

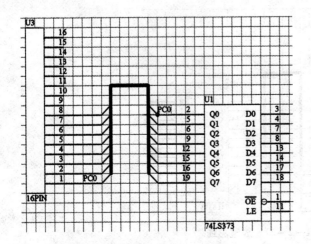

图 1 – 2 – 29　放置网络标号　　　　　图 1 – 2 – 30　网络标号属性对话框

4. 阵列式粘贴

图 1 – 2 – 29 中放置管脚引出线、总线分支线和网络标号需要重复 8 次,采用阵列式粘贴,可以一次完成,大大提高速度。

阵列式粘贴通过执行菜单 Edit→Paste Array 或单击工具栏的按钮  来完成。

下面以图 1 – 2 – 29 中的电路为例,说明阵列式粘贴的操作步骤。

(1)放置 74LS373,并连线和放置网络标号 PC1,如图 1 – 2 – 31 所示。

(2)用鼠标拉框选中要复制的连线和网络标号,如图 1 – 2 – 32 所示。

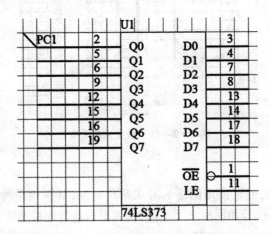

图 1 – 2 – 31　连接并放置网络标号

(3)执行菜单 Edit→Copy,将光标移至框选区域的左上角,单击鼠标左键,定义复制的参考点。

(4)执行菜单 Edit→Paste Array,屏幕上出现图 1 – 2 – 33 所示的对话框。对话框中各项含义如下:

☆Item Count:设置重复放置的次数,此处设置为 7。

☆Text:设置文字的跃变量。此处设置为 1,即网络标号依次为 PC1,PC2,PC3 等。

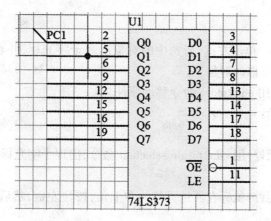

图1-2-32　选中要复制的图件

☆Horizontal：设置图件水平方向的间隔，此处为0 mil。

☆Vertical：设置图件垂直方向的间隔。由于从上而下放置，此处设置为-10 mil。

设置好以上参数后，单击OK按钮。

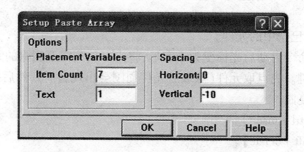

图1-2-33　阵列式粘贴的对话框

（5）将光标移至需要粘贴的起点，单击鼠标左键完成粘贴，粘贴后的电路如图1-2-34所示。

（6）将2脚上的网络标号修改为PC0，电路绘制完毕。

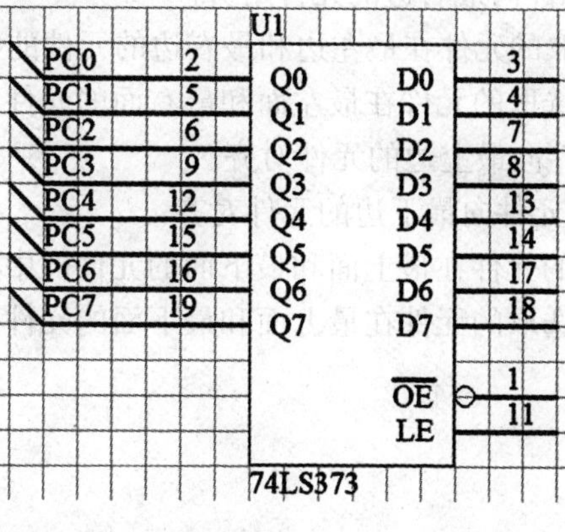

图1-2-34　阵列式粘贴后的电路

★元件的移动

单个元件的移动：

（1）选取单个元件。单击左键，所选中的对象出现十字光标，并在元件周围出现虚框，表示已选中目标，并可以拖动对象了。

（2）移动元件。利用 edit|move 命令移动原件。

★多个元件的移动：

（1）选取元件

☆逐个选中多个元件：用 edit|toggle selection 命令，出现十字光标；按住【shift】键用鼠标逐个选中所选元件。

☆同时选中多个元件：鼠标在所选元件的左上角，按住左键，然后将光标拖曳到目标区域的右下角。

（2）移动元件。左键点击任一元件移动。

★元件的旋转

空格键：让元件做 90 度旋转。

X 键：以十字光标为轴做水平调整。

Y 键：以十字光标为轴做垂直调整。

★元件的删除

Edit|clear：删除已选中的元件。

Edit|delete：该命令启动后光标变为十字形，将光标放到需要删除的元件上单击左键。

【delete】：快捷键。先点取元件（点取后元件周围会出现虚框），然后按快捷键。

★元件的剪切复制

Copy：快捷键【ctrl + insert】。

Cut：快捷键【shift + delete】。

Paste：快捷键【shift + insert】。

【注意】　Copy 元件时，选择了需要拷贝的元件后，系统还要求用户选择一个拷贝基点。

★元件的排列与对齐

Edit|align

Align left：将选取的元件向最左边的元件对齐。

Align right：将选取的元件向最右边的元件对齐。

Center horizontal：将选取的元件在最左边和最右边的元件的中间位置对齐。

Distribute vertically：将选取的元件在最左面和最右面的元件之间等间距放置。

Align top：将选取的元件向最上边的元件对齐。

Align bottom：将选取的元件向最下边的元件对齐。

Center vertical：将选取的元件在最上面和最下面的元件的中间位置对齐。

Distribute vertically：将选取的元件在最上面和最下面的元件之间等间距放置。

★电源/地的放置

Place|power port。

快捷按钮 P→O。

2.2.13　放置电路的 I/O 端口

执行菜单 Place→Port 或单击 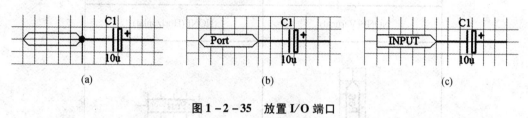 按钮,进入放置电路 I/O 端口状态,光标上带着一个悬浮的 I/O 端口,将光标移至所需的位置,单击鼠标的左键,定下 I/O 端口的起点,拖动光标可以改变端口的长度,调整到合适的大小后,再次单击鼠标左键,即可放置一个 I/O 端口,如图 1−2−35 所示,单击鼠标右键退出放置状态。

| (a) | (b) | (c) |

图 1−2−35　放置 I/O 端口

(a)悬浮状态的 I/O 端口;(b)放置后的 I/O 端口;(c)改名后的 I/O 端口

双击 I/O 端口,屏幕弹出端口属性对话框,如图 1−2−36 所示,对话框中主要参数说明如下。

图 1−2−36　I/O 端口属性设置

Name:设置 I/O 端口的名称,若要输入的名称上有上划线,如 $\overline{RD}$,则输入方式为 R\D\。

Style 下拉列表框:设置 I/O 端口形式,如图 1−2−37 所示,共有 8 种。

I/O Type 下拉列表框:设置 I/O 端口的电气特性,共有四种类型,分别为 Unspecified(不指定)、Output(输出端口)、Input(输入端口)、Bidirectional(双向型)。

Alignment 下拉列表框:设置端口名称在端口中的位置,共有三个选项。

具有相同名称的 I/O 端口在电气上是相连接的。

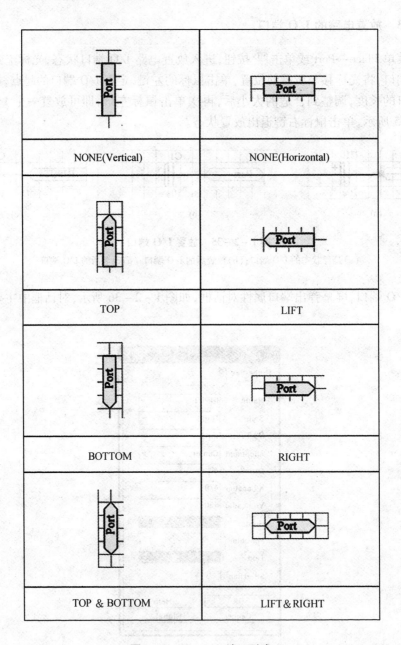

NONE(Vertical)	NONE(Horizontal)
TOP	LIFT
BOTTOM	RIGHT
TOP & BOTTOM	LIFT & RIGHT

图 1 - 2 - 37　I/O 端口形式

2.2.14　绘制电路波形

在绘制原理图时,除了要放置上述的各种具有电气特性的图件外,有时还需要放置波形示意图,需要使用绘图工具栏上的按钮或相关的菜单命令来完成。

绘图工具栏可单击主工具栏上按钮 或执行菜单 View→Toolbars→Drawing Tools 打开,绘图工具栏按钮功能如表 1 - 2 - 4 所示。

表 1 – 2 – 4　绘图工具栏按钮功能

按钮	功能	按钮	功能	按钮	功能
/	画直线	⊠	画多边形	◔	画椭圆弧线
Ⅳ	画曲线	T	旋转说明文字	▣	旋转文本框
▢	画矩形	▢	画圆角矩形	◯	画椭圆
◖	画圆饼图	▣	旋转图片	▦	阵列式粘贴

下面以画正弦曲线为例来说明此工具的应用,画图过程如图 1 – 2 – 38 所示。

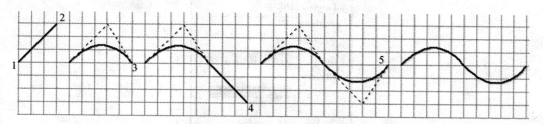

图 1 – 2 – 38　绘制正弦波示意图

执行菜单 Place→Drawing Tools→Beziers 或单击按钮 Ⅳ,进入画曲线状态。

（1）将鼠标移到指定位置,单击左键,定下曲线的第一点。

（2）移动光标到图示的 2 处,单击左键,定下第二点。

（3）移动光标,此时已生成了一个弧线,将光标移到图示的 3 处,单击左键,定下第三点,从而绘制出一条弧线。

（4）在 3 处再次单击左键,定义第四点,作为第二条弧线的起点。

（5）移动光标,在图示的 4 处单击左键,定下第五点。

（6）移动光标,在图示的 5 处单击左键,定下第六点,完成整条曲线的绘制。

2.2.15　文件的存盘与退出

1. 文件的保存

执行菜单 File→Save 或单击主工具栏上的图标 💾,自动按原文件名保存,同时覆盖原先的文件。

在保存时如果不希望覆盖原文件,可以执行菜单 File→Save As 更名保存,在对话框中指定新的存盘文件名即可。

2. 文件的退出

若要退出原理图编辑状态,可执行 File→Close 或用鼠标右键点击选项卡中原理图文件名,在出现的菜单中单击 Close;若要关闭设计库,可执行菜单 File→Close Design;若要退出 Protel 99SE,可执行菜单 File→Exit 或单击系统关闭按钮。

如果在执行关闭操作前没有进行保存操作,则在执行关闭操作时,系统提示保存。

2.2.16　原理图设计实例

下面以图 1 - 2 - 39 所示的两级放大电路为例,说明绘制电路原理图的方法,具体步骤如下。

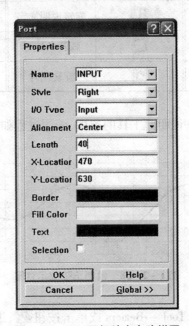

图 1 - 2 - 39　两级放大电路样图

(1)新建一个原理图文件。在 Protel 99SE 主窗口中执行菜单 File→New,建立一个新的项目文件 AMP. ddb,再次执行菜单 File→New,选择建立原理图文档,新建一个原理图文件,将文件名改为 AMP。

(2)设置图纸的文档参数。双击 AMP 图标,进入 SCH 99SE,执行菜单 Design→Options,设置图纸大小为 A4,其余默认。

(3)装入元器件库。本电路中,需要用的元件为电阻、电解电容和三极管,它们在分立元件库(Miscellaneous Device. ddb)中,单击元器件管理器的 Add/Remove 按钮载入该元件库。

(4)放置元件。在元件列表中选中 RES2 放置电阻,选中 NPN 放置三极管,选中 Electro1 放置电解电容。

(5)调整元件。放置好元件后,用鼠标选中元件,将其拖到合适位置,有些元件还需作旋转,调整后的原理图如图 1 - 2 - 40 所示。

(6)连接导线。执行菜单 Place→Wire 放置连线,执行菜单 Place→Junction 放置节点,如图 1 - 2 - 39 所示将电路图连接好。

(7)放置 I/O 端口。执行菜单 Place→Port,依次放置输入端口 IN 和输出端口 OUT,并连接线路。

(8)由于图中三极管的标号不符合国标要求,双击三极管,将其标号修改为 V?。

(9)执行菜单 Tools→Annotate 重新标注元件,并设置标称值,完成的电路如图 1 - 2 - 39。

(10)保存电路图。

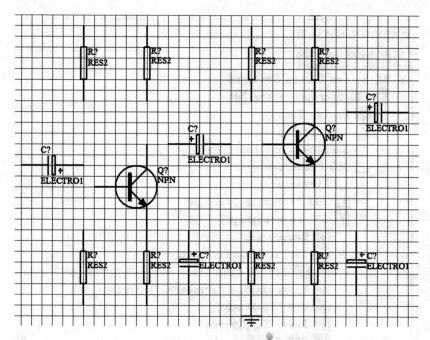

图 1 - 2 - 40　元件位置调整后的电路图

2.3　层次电路图设计

当电路比较复杂时,用一张原理图来绘制显得比较困难,此时可以采用层次型电路来简化电路。层次型电路将一个庞大的电路原理图(称为项目)分成若干个模块,且每个模块可以再分成几个基本模块。各个基本模块可以由工作组成员分工完成,这样可以大大提高设计效率。

层次型电路的设计可采取自上而下或自下而上的设计方法。本节采用自上而下的设计方式进行介绍。

2.3.1　层次电路设计概念

层次电路图按照电路的功能区分,在其中的子图模块中代表某个特定的功能,类似于自定义的元件。

层次电路图的结构与操作系统的文件目录结构相似,选择设计管理器的 Explorer 选项卡可以观察到层次图的结构。

图 1 - 2 - 41 所示为层次电路图 Z80 Processor. prj 的结构。在一个项目中,处于最上方的为主图,一个项目只有一个主图,扩展名为 prj;在主图下方所有的电路均为子图,扩展名为 sch,图中有 4 个一级子图,在子图 Serial Interface. sch 中还存在二级子图。

2.3.2　层次电路设计工具和文件切换

在层次式电路中,通常主图中是以若干个方块图组成,它们之间的电气连接通过 I/O

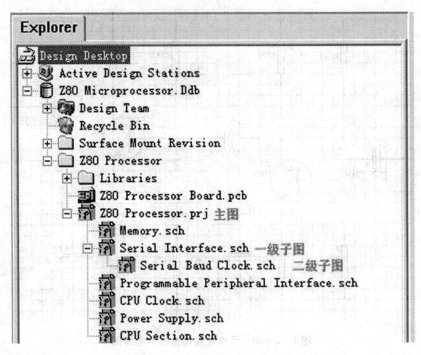

图 1 - 2 - 41   层次电路结构

端口和网络标号实现。

1. 电路方块图设计

电路方块图,也称为子图符号,是层次电路中的主要组件,它对应着一个具体的内层电路。图 1 - 2 - 42 所示为某电路的主图文件,它由两个电路方块图组成。

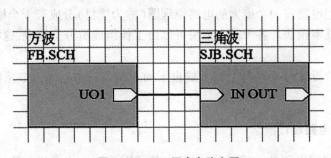

图 1 - 2 - 42   层次电路主图

执行菜单 Place→Sheet Symbol,或单击工具栏上按钮▢,光标上粘着一个悬浮的虚线框,按 <Tab> 键,屏幕弹出图 1 - 2 - 43 所示的属性对话框,设置相关参数,在 File Name 中填入子图的文件名(如 FB.sch),Name 中填入子图符号的名称(如方波),设置完毕后,单击 OK 按钮,关闭对话框,将光标移至合适的位置后,单击鼠标左键定义方块的起点,移动鼠标,改变其大小,大小合适后,再次单击鼠标左键,放下子图符号。

2. 放置子图符号的 I/O 接口

执行菜单 Place→Add Sheet Entry,或单击工具栏上按钮▣,将光标移至图 1 - 2 - 42 子图符号内部,在其边界上单击鼠标左键,此时光标上出现一个悬浮的 I/O 端口,该 I/O 端口

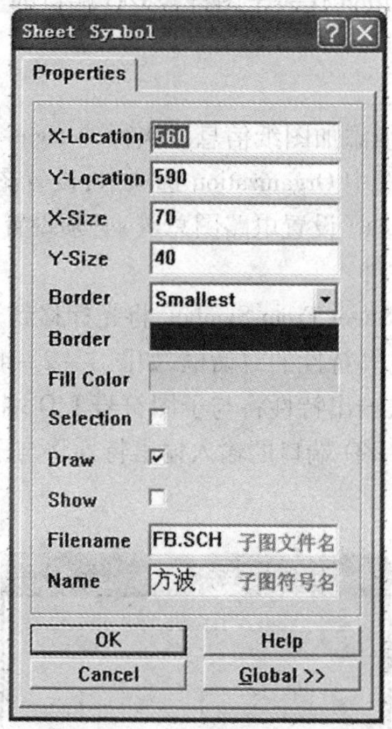

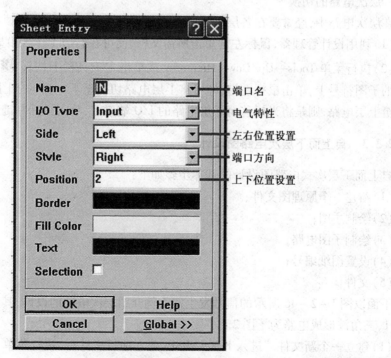

图 1 - 2 - 43 子图符号属性对话框

被限制在子图符号的边界上,光标移至合适位置后,再次单击鼠标左键,放置 I/O 端口。

双击 I/O 端口,屏幕弹出图 1 - 2 - 44 所示的子图符号端口属性对话框,其中:Name 为端口名;I/O Type 为端口电气特性设置;Style 为端口方向设置;Side 设置 I/O 端口在子图的

图 1 - 2 - 44 子图符号端口属性对话框

左边(Left)或右边(Right);Position 代表子图符号 I/O 端口的上下位置,以左上角为原点,每向下一格增加1。

3.设置图纸信息

主图和子图绘制完毕,必须添加图纸信息。执行 Design→Options,屏幕出现图1－2－3所示的文档参数设置对话框,选中 Organization 选项卡,设置图纸信息,特别是 Sheet 栏中的No.(设置原理图的编号)和 Total(设置电路图总数)必须设置好。

4.由子图符号生成子图文件

执行菜单 Design→Create Sheet From Symbol,将光标移到子图符号上,单击鼠标左键,屏幕弹出是否颠倒 I/O 端口的电气特性的对话框,如图1－2－45所示。若选择"是",则生成的电路图中的 I/O 端口的输入输出特性将与子图符号 I/O 端口的输入输出特性相反;若选择"否",则生成的电路图中的 I/O 端口的输入输出特性将与子图符号 I/O 端口的输入输出特性相同,一般选择"否"。

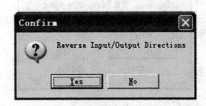

图1－2－45　I/O 端口特性转换对话框

此时 Protel 99SE 自动生成一张新电路图,电路图的文件名与子图符号中的文件名相同,同时在新电路图中,已自动生成对应的 I/O 端口。

5.层次电路的切换

在层次电路中,经常要在各层电路图之间相互切换,切换的方法主要有两种。

(1)利用设计管理器,鼠标左键单击所需文档,便可在右边工作区中显示该电路图。

(2)执行菜单 Tools→Up/Down Hierarchy 或单击主工具栏上按钮，将光标移至需要切换的子图符号上,单击鼠标左键,即可将上层电路切换至下一层的子图;若是从下层电路切换至上层电路,则是将光标移至下层电路的 I/O 端口上,单击鼠标左键进行切换。

2.3.3　自上而下层次电路图设计

自上而下层次式电路图设计的基本步骤如下:

(1)新建一个原理图文件;

(2)绘制主图;

(3)绘制子图电路;

(4)设置图纸编号;

(5)文件保存。

下面以图1－2－46所示的信号发生器为例介绍层次电路的设计,其中方波形成电路为子图1,三角波形成电路为子图2。

(1)建立一个新文件。进入 Protel 99SE,建立项目文件后,执行菜单 File→New,新建一个电路图文件,作为主图,双击文件名进入原理图编辑状态。

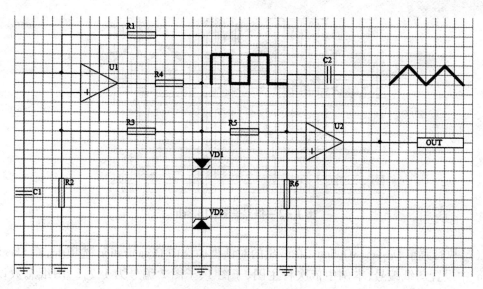

图 1 – 2 – 46　信号发生器

（2）放置子图符号。执行 Place→Sheet Symbol 放置子图符号,设置相关参数为:File Name 为 FB. sch,Name 为"方波"。

将子图符号移至合适的位置后,单击鼠标左键定义方块的起点,移动鼠标,改变其大小,大小合适后,再次单击鼠标左键,放下子图符号。

同样方法放置第二个子图符号,其 File Name 设置为 SJB. sch,Name 设置为"三角波",放置完毕后的子图如图 1 – 2 – 42 所示。

（3）执行 Place→Add Sheet Entry,将光标移至图 1 – 2 – 42 中左边的子图符号内部,放置子图符号的输出端口。

双击 I/O 端口,设置端口属性,具体为:Name:Uo1;I/O Type:Output;Side:Right;Style:Right。

同样方法放置其他端口符号。

（4）执行菜单 Place→Wire,绘制主图中所需的导线,完成主图连接。绘制完成的主图如图 1 – 2 – 42 所示。

（5）执行 File→Save Copy As,Name 设置为 Function. prj,Format 设置为 ∗. prj,代表该文件是主图项目文件,保存主图。

（6）执行 Design→Create Sheet From Symbol,将光标移到 FB. sch 子图符号上,单击鼠标左键,屏幕弹出是否颠倒 I/O 端口的电气特性的对话框,选择"否",系统自动生成一个新电路图,并产生了一个 I/O 端口 Uo1。在此电路图中完成子图 1 的电路绘制,并绘制方波波形,如图 1 – 2 – 47 所示。

同样的方法完成子图 2 的绘制,如图 1 – 2 – 48 所示。

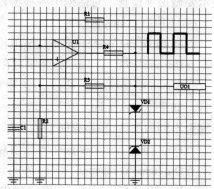

图 1 – 2 – 47　子图 FB. sch

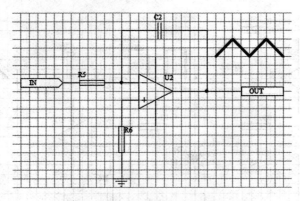

图 1 - 2 - 48　子图 SJB. sch

（7）执行菜单 Design→Options,在弹出的对话框中选中 Organization 选项卡,在 Sheet 栏的 No. 中设置图纸编号,本例中依次将主图、子图 1、子图 2 编号为 1,2,3,图纸总数设置为 3。

（8）执行菜单 File→Save All 保存所有文件。

层次式原理图的制作除了上述的自上而下的设计方式外,也可以采用自下而上的设计方式,即先设计子图,再设计主图,设计的方法基本一致。

2.4　电气规则检查与网络表生成

2.4.1　电气规则检查

电气规则检查（ERC）是按照一定的电气规则,检查电路图中是否有违反电气规则的错误。ERC 检查报告以错误（Error）或警告（Warning）来提示。

进行电气规则检查后,系统会自动生成检测报告,并在电路图中有错误的地方放上红色的标记 ⊗。

执行菜单 Tools→ERC,打开图 1 - 2 - 49 所示的电气规则检查设置对话框,选中复选框表示要做该项检查。对话框中各项参数的含义如下:

（1）ERC Options 区

☆Multiple net names on net:该项检测是否同一网络上存在多个网络标号。

☆Unconnected net labels:该项对存在未实际连接的网络标号,给出错误报告。

☆Unconnected power objects:该项对电路中存在未连接的电源或接地符号时,给出错误报告。如果把 Power Port 的 Vcc 改为 +5 V,则 +5 V 和其他 Vcc 名称的管脚就被看成是两个完全不同的图件,在检查时会给出错误标记。

☆Duplicate sheet designator:该项对电路图中出现图纸编号相同的情况,给出错误报告。

☆Duplicate component designator:该项对电路中元件标号重复的情况给出错误报告。

☆Bus label format errors:该项对电路图中存在总线标号格式错误的情况给出错误报告。正确的 BUS 格式,如 D[0..7]代表单独的网络标号 D0 ~ D7。

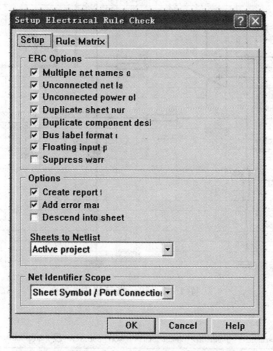

图 1 - 2 - 49　设置电气规则检查对话框

☆Floating input pins：该项对电路中存在输入管脚悬空的情况给出错误报告。

☆Suppress warning：选中此复选框，则进行 ERC 检测时将跳过所有的警告型错误。

（2）Options 区

☆Create report file：选中此复选框，则进行 ERC 检测后，将给出检测报告 ∗. ERC。

☆Add error marks：选中此复选框，则进行 ERC 检测后，将在电路图上有错的地方放上红色错误标记⊗。

☆Descend into sheet parts：选中此复选框，设定检查范围是否深入到元件内部电路。

（3）Sheets to Netlist 下拉列表框

用于选择检查的范围，Active Sheets（当前电路图）、Active Project（当前项目文件）、Active Sheet Plus Sub Sheets（当前的电路图与子图）。

（4）Net Identifier Scope 下拉列表框

用来设置进行 ERC 检测时，各图件的作用范围。Net Labels and Ports Global 代表网络标号和电路 I/O 端口在整个项目文件中的所有电路图中都有效；Only Ports Global 代表只有 I/O 端口在整个项目文件中有效；Sheet Symbol/Port Connections 代表在子图符号 I/O 口与下一层的电路 I/O 端口同名时，二者在电气上相通。

单击 Rule Matrix 选项卡进入检查电气规则矩阵设置，一般选择默认。

图 1 - 2 - 50 中出现两个相同的元件标号 R1，进行电气规则检查，电路图中在重复的标号 R1 上放置错误标记，提示出错，同时自动产生并打开一个检测报告，如图 1 - 2 - 51 所示。

图中有 4 个错误报告，前 3 个错误是由于该层次图未设置图纸编号，第 4 个错误是由于重复的标号，坐标（769,724）的 R1 与坐标（739,774）的 R1。

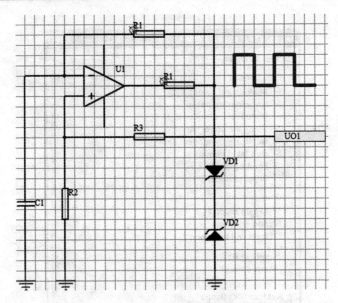

图 1 - 2 - 50 指示错误

MyDesign.ddb | Documents | Sheet1.Sch | Sheet2.Sch | FB.SCH | SJB.SCH | Function.ERC

Error Report For : Documents\Function.prj   22-Sep-2013 11:55:21

#1 Error   Duplicate Sheet Numbers 0 Function.prj And FB.SCH
#2 Error   Duplicate Sheet Numbers 0 Function.prj And SJB.SCH
#3 Error   Duplicate Sheet Numbers 0 FB.SCH And SJB.SCH
#4 Error Duplicate Designators FB.SCH R1 At (769,724) And FB.SCH R1 At (739,774)

End Report

图 1 - 2 - 51　ERC 检测报告文件

按照程序给出的错误情况修改电路图,上图中将 U1 输出端的电阻标号改为 R4,然后再次进行 ERC 检测,错误消失。

2.4.2　从原理图中生成网络表

一般来说,设计原理图的最终目的是进行 PCB 设计,网络表在原理图和 PCB 之间起到一个桥梁作用。网络表文件(∗ . Net)是一张电路图中全部元件和电气连接关系的列表,它包含电路中的元件信息和连线信息,是电路板自动布线的灵魂。

1. 生成网络表

在生成网络表前,必须对原理图中所有的元件设置好元件标号(Designator)和封装形式(Footprint)。

执行菜单 Design→Create Netlist,屏幕上出现图 1 - 2 - 52 所示的生成网络表对话框,对话框中的具体内容如下。

(1)Output Format 下拉列表框。用来设置网络表格式,一般选取 Protel。

(2)Net Identifier Scope 下拉列表框。用于设置网络标号、子图符号 I/O 口、电路 I/O 端口的作用范围,共有三个选项。

Net Labels and Ports Global 代表网络标号和电路 I/O 端口在整个项目文件中的所有电路图中都有效;Only Ports Global 代表只有 I/O 端口在整个项目文件中有效;Sheet Symbol/

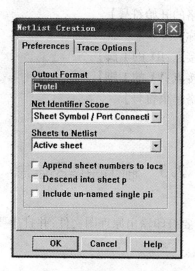

图 1 - 2 - 52　生成网络表对话框

Port Connections 代表在子图符号 I/O 口与下一层的电路 I/O 端口同名时,二者在电气上相通。

（3）Sheets to Netlist 下拉列表框。用于选择产生网络表的范围,Active Sheets（当前电路）、Active Project（当前项目文件）、Active Sheet Plus Sub Sheets（当前电路图与子图）。

（4）Append Sheet Numbers To Local Net Name 复选框。选中则在生成网络表时,将电路图的编号附在每个网络名称上,以识别该网络的位置。

（5）Descend into sheet parts 复选框。选中则在生成网络表时,系统将元件的内电路作为电路的一部分,一起转化为网络表。

（6）Include Un - Named Single Pin Nets 复选框。选中此复选框,则在生成网络表时,将电路图中没有名称的管脚,也一起转换到网络表中。

2. 网络表的格式

执行菜单 Design→Create Netlist,设置参数后,单击 OK 按钮,程序便自动生成并打开网络表文件。

Protel 格式的网络表是一种文本式文档,由两个部分组成,第一部分为元件描述段,以"["和"]"将每个元件单独归纳为一项,每项包括元件名称、标称值和封装形式;第二部分为电路的网络连接描述段,以"（"和"）"把电气上相连的元件管脚归纳为一项,并定义一个网络名。

下面是一个网络表文件的部分内容。（其中"【】"中的内容是编者添加的说明文字）

[　　　　　　　【元件描述开始符号】

R1　　　　　　【元件标号（Designator）】

AXIAL0.4　　　【元件封装（Footprint）】

10k　　　　　　【元件型号或标称值（Part Type）】

　　　　　　　【三空行对元件作进一步说明,可用可不用】

]　　　　　　　【元件描述结束符号】

……

(	【一个网络的开始符号】
NET_V1 – 1	【网络名称】
R1 – 1	【网络连接点:R1 的 1 脚】
V1 – 1	【网络连接点:V1 的 1 脚】
)	【一个网络结束符号】

……

2.5　输出原理图信息

一般电路图绘制完毕,需要打印输出原理图文件,并且还要产生一份元器件清单,以便于采购或装配。

2.5.1　生成元件清单

执行菜单 Reports→Bill of Material,可以产生元件清单,它给出电路图中所用元件的数量、名称、规格等。

执行该命令,屏幕弹出对话框提示选择项目文件(Project)或图纸(Sheet),根据需要选择;产生的清单格式选择 Protel Format 格式(产生文件 ∗.BOM),或选择 Client Spreadsheet 格式(产生文件为电子表格形式,∗.XLS),其他的对话框均按默认设置,直接单击 Next 按钮进行下一步操作;最后单击 Finish 按钮结束操作,系统产生两种类型的元件清单。图 1 – 2 – 53和图 1 – 2 – 54 所示为稳压电源的元件清单。

```
Bill of Material for 串联稳压电路.Bom

Used Part Type      Designator Footprint  Description
==== =============  ========== ========== =====================
1    100uF/25V      C2         RB.2/.4    Electrolytic Capacitor
1    1k             Rp1        VR4        Potentiometer
1    2.7k           R4         AXIAL0.4
1    200            R1         AXIAL0.4
1    220v/16v/20v   T1
1    300            R3         AXIAL0.4
1    3A/50V         VD1        BRIDGE     Diode Bridge
1    4.7k           R2         AXIAL0.4
1    470uF/50V      C1         RB.2/.4    Electrolytic Capacitor
1    6V/0.5W        V2         DIDE0.4    Zener Diode
1    BU407          V1         TO-220     NPN Transistor
```

图 1 – 2 – 53　Protel Format 格式的元件清单

2.5.2　图纸打印

执行菜单 File→Setup Printer 或单击工具栏上按钮 ，进入原理图打印设置,打开图 1 – 2 – 55所示的对话框。

对话框中各项说明如下:

☆Select Printer 下拉列表框:用于选择打印机。

☆Properties 按钮用于设置打印参数。按下此按钮,屏幕弹出图 1 – 2 – 56 所示的对话框,“大小”下拉列表框用于设置纸张的大小,“来源”下拉列表框用于设置纸张的来源,“方

	A	B	C	D
1	Part Type	Designator	Footprint	Description
2	100uF/25V	C2	RB.2/.4	Electrolytic Capacitor
3	1k	Rp1	VR4	Potentiometer
4	2.7k	R4	AXIAL0.4	
5	200	R1	AXIAL0.4	
6	220v/16v/20v	T1		
7	300	R3	AXIAL0.4	
8	3A/50V	VD1	BRIDGE	Diode Bridge
9	4.7k	R2	AXIAL0.4	
10	470uF/50V	C1	RB.2/.4	Electrolytic Capacitor
11	6V/0.5W	V2	DIDE0.4	Zener Diode
12	BU407	V1	TO-220	NPN Transistor

图 1 - 2 - 54   Client Spreadsheet 格式的元件清单

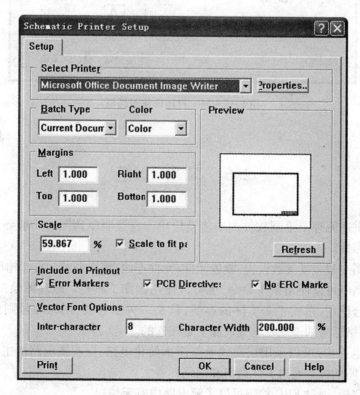

图 1 - 2 - 55   原理图打印设置

向"区用于设置打印的方向。

☆Batch Type 下拉列表框：设置打印文档范围，有当前文档和所有文档两个选择。

☆Color 下拉列表框：设置打印时的颜色，有 Color（彩色方式）和 Monochrome（黑白打印）两种。

☆Margins 区：用于设置图纸与纸张边沿的距离，单位为英寸。

☆Scale 区：用于设置打印的比例，选中 Scale Fit Page 复选框，系统将根据纸张的大小和方向自动计算打印比例的大小。

☆Preview 区:用于观察电路在图纸中的位置,单击 Refresh 按钮可以重新显示改变设置后的预览效果。

设置好各项参数,单击 Print 按钮打印输出原理图。

如果直接执行菜单 File→ Print,系统将直接打印输出原理图,而不进行打印设置。

图 1 – 2 – 56 打印设置对话框

2.6 本 章 小 结

本章主要讲述原理图绘制软件的功能及应用。在绘制原理图前一般要先设置文档参数和工作系统参数。

绘制原理图一般包括参数设置、放置元件、元件连线、编辑调整和打印输出等步骤。

电路的绘制既可以使用菜单命令,也可以使用画图工具栏。原理图绘制中,总线必须和网络标号配合使用,总线不是实际的连线,只是一种示意线,网络标号则能体现连接信息,具有相同网络标号的连线在电气性能上是相连的。

在复杂的电路中,可以采用层次式电路图来简化电路,层次图电路由主图和若干个子图构成,它们之间的连接通过 I/O 端口和网络标号实现。

电路绘制完毕,通过 ERC 检查可以了解电路中有无错误。

绘制完毕的电路图可以生成网络表和元件清单,前者包含着元件的封装信息和连线信息,是联系印制板设计的纽带;后者主要包含元件的标号、标称值和数量等信息。

原理图绘制完毕可以通过打印机或绘图仪输出电路图。

第 3 章　原理图元件库编辑

3.1　启动元件库编辑器

随着新元件的不断涌现,用户需要通过 Protel 99SE 的元件库编辑器来自己设计元件,也可以到 Protel 公司的网站下载最新的元件库(Library)。

进入 Protel 99SE,执行 File→New,在出现的对话框中双击后缀名为.lib 的文件,新建元件库,系统默认为 Schlib1.lib,用鼠标双击 Schlib1.lib 文件,可以打开原理图元件编辑器,进入图 1 – 3 – 1 所示的元件编辑器界面。

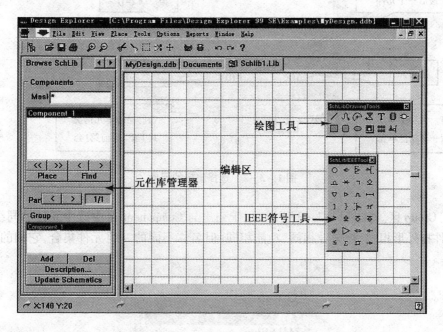

图 1 – 3 – 1　元件库编辑器主界面

图中的元件库编辑器的工作区划分为四个象限,像直角坐标一样,编辑元件通常在第四象限。

与电路图编辑器相比,明显不同的是元件库管理器,它是编辑元件的一个重要工具。

元件库编辑器提供有两个重要的绘制元件工具栏,即绘图工具栏和 IEEE 电气符号工具栏,它们是制作新元件的重要工具。

3.2   元件库管理器的使用

执行 View→Design Manager 可以打开或关闭设计管理器,选择 Browse SchLib 选项卡打开元件库管理器,各部分作用如下。

（1）Component 区。如图 1 – 3 – 2 所示,用于选择要编辑的元件。

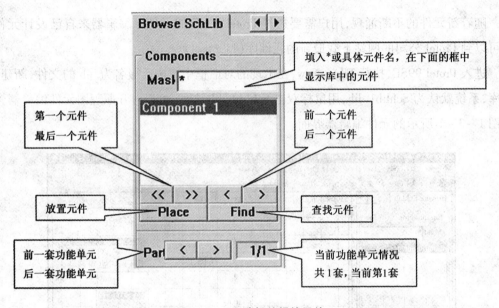

图 1 – 3 – 2   选择编辑的元件

（2）Group 区。如图 1 – 3 – 3 所示,用于列出与 Component 区中选中元件的同组元件,同组元件指外形相同、管脚号相同、功能相同,但名称不同的一组元件集合,它们的元件封装相同。

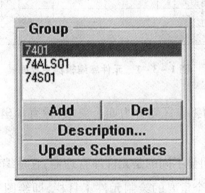

图 1 – 3 – 3   "Group"框

☆Add 按钮:加入新的同组元件。

☆Del 按钮:删除列表框中选中的元件。

☆Description 按钮:单击该按钮,屏幕弹出图 1-3-4 所示的元件信息编辑对话框,用于设置元件的默认标号、封装形式(可以有多个)、元件的描述等信息。

☆Update Schematics 按钮:作用是使用库中新编辑的元件更新原理图中的同名元件。

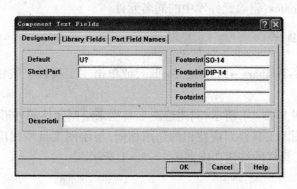

图 1-3-4　元件信息编辑对话框

(3)Pins 区。列出在 Component 区中选中元件的管脚。

☆Sort by Name:选中侧按管脚号由小到大排列。

☆Hidden Pins:选中此复选框,在屏幕的工作区内显示元件的隐藏管脚。

(4)Mode 区。作用是显示元件的三种不同模式,即 Normal、De-Morgan 和 IEEE 模式。以元件 DM7400 为例,它在三种模式下的显示图形如图 1-3-5 所示。

图 1-3-5　DM7400 的三种模式

3.3　绘制元件工具

Protel 99SE 的原理图库编辑系统提供了绘图工具、IEEE 符号工具及 Tools 菜单下的命令来完成元件绘制。

3.3.1　常用 Tools 菜单

Tools 菜单中常用的元件设计命令如下。

☆New Component:在编辑的元件库中建立新元件。

☆Remove Component:删除在元件库管理器中选中的元件。

☆Rename Component:修改所选中元件的名称。

☆Copy Component:复制元件。

☆Move Component：将选中的元件移动到目标元件库中。

☆New Part：给当前选中的元件增加一个新的功能单元。

☆Remove Part：删除当前元件的某个功能单元。

☆Remove Duplicates：删除元件库中的同名元件。

3.3.2　绘图工具栏

执行菜单 View→Toolbars→Drawing Toolbar，或单击主工具栏上按钮 ，可以打开或关闭绘图工具栏。

绘图工具栏如图 1 - 3 - 1 所示，利用绘图工具栏来绘制元件的外形，大多数按钮的作用与原理图编辑器中画图工具栏对应按钮的作用相同，与绘图工具栏相应的菜单命令均位于 Place 菜单下，绘图工具栏的按钮功能如表 1 - 3 - 1 所示。

表 1 - 3 - 1　绘图工具栏按钮功能

图标	功能	图标	功能	图标	功能
/	画直线		新建元件	◯	绘制椭圆
∿	画曲线		新建功能单元		粘贴图片
⌒	画椭圆线	▢	绘制矩形		阵列式粘贴
▨	画多边形	▭	绘制圆角矩形		放置管脚
T	放置文字				

★绘图工具栏

●在电路图中加一些说明性的文字或是图形，可以让整个绘图页显得生动活泼，还可以增强电路图的说服力及数据的完整性。

●图形或文字不具备电气特性。

●绘图工具栏可以通过 View|ToolBars|Drawing Tools 菜单命令来显示。

★绘制直线

●Place |Lines 或单击快捷键。

●在绘制直线过程中按【Tab】键可设置线的属性。

●在已绘好的直线上双击也可以设置该直线的属性。

●属性包括线宽，线型，颜色，选中状态。

●单击已绘好的直线使其进入点取状态，此时直线两端会出现一个四方形的小黑点，即控点。可通过拖动控点来调整这条直线的起点与终点位置。

●可以通过 Edit|Move 命令来移动直线。

★绘制多边形

●利用光标依次定义出图形的各个边脚所形成的封闭区域。

●Place |polygon 命令或单击快捷键。

●绘制时按[Tab]键可以设置多边形的属性。

- 双击已绘制好的多边形也可以设置多边形的属性。
- 属性:边框线宽;边框颜色;内部填充色;实心/空心状态;选取状态。

★绘制圆弧与椭圆弧

- Place |Arcs 或|EllipticalArcs 命令或单击快捷键。
- 启动绘制圆弧命令后,在待绘图形的圆弧中心处单击鼠标左键,然后移动鼠标出现圆弧预拉线,调整圆弧半径,然后单击左键,指针自动移到圆弧缺口的一端,调整好位置后单击左键,结束绘制。
- 按[Tab]键设置圆弧属性。
- 双击已绘好的圆弧设置属性。
- 属性:中心点的 X,Y 坐标;线宽;缺口的起始/结束角度;线条颜色;选取状态;圆弧半径或 X 轴半径 Y 轴半径。
- 单击绘好的圆弧,进入点取状态:半径及缺口端点处出现控点。

★绘制 Bezier 曲线

- Place| Beziers 命令或单击快捷键。
- 启动绘制 Bezier 曲线命令后,鼠标为一大十字符号,先确定第一点,再确定第二点,第三点……直到单击右键结束。
- 双击曲线设置属性:线宽;线颜色;选取状态。
- 单击曲线,显示出曲线生成的控点。拖动这些控点可以调整曲线的形状。

★放置注释文字

- Place|Text 命令或快捷键。
- 双击设置属性:注释文字串(只能是一行);X,Y 坐标;放置角度;颜色;字体;选取状态。
- 单击注释文字,使其进入选中状态(虚线边框),可直接拖动来移动文字的位置。

★绘制饼图

- Place |Pie Charts 命令或单击快捷键。
- 启动绘制饼图命令后,在光标处出现一个饼图形。在中心处单击左键→移动鼠标调整好半径→单击左键→光标会自动移动到缺口的一端,调整好位置后单击左键→调整缺口的另一端。调整好后单击左键,结束饼图绘制。
- 按[Tab]键设置饼图属性。
- 双击饼图设置其属性:中心点的 X,Y 坐标;饼图半径;边框线宽及颜色;缺口的起始结束角度;填充颜色;实心或空心;选取状态。

★插入图片

- Place |Graphic 命令或快捷键。
- 启动此命令后,出现 Image File 对话框,找到指定图片,单击"打开"即插入该图片。
- 双击该图片设置其属性。
- 按[Tab]键设置其属性。
- 单击图片,在其周围出现控点。

3.3.3 IEEE 工具栏

- 执行菜单 View→Toolbars→IEEE Toolbar,或单击主工具栏上按钮,可以打开或关闭

IEEE 工具栏。

• IEEE 工具栏如图 1-3-1 所示,用于为元件符号加上常用的 IEEE 符号,主要用于逻辑电路。表 1-3-2 为 IEEE 工具栏各按钮的功能。

表 1-3-2　IEEE 工具栏按钮功能

图标	功能	图标	功能	图标	功能	图标	功能
O	低电平有效符号	←	放置信号流方向	▷	上升沿时钟脉冲	⊢	低电平触发输入
⌒	模拟信号输入端	✳	无逻辑连续符号	⌐	延迟特性符号	◇	集电极开路符号
▽	高阻状态符号	▷	大电流输出符号	⊓	放置脉冲符号	⊢	放置延迟符号
]	多条 I/O 线组合	}	二进制组合符号	⊦	低电平有效输出	π	放置 Π 符号
≥	放置≥符号	⇕	上拉电阻集电极开路	◇	发射极开路符号	↓	下拉电阻发射极开路
#	数字信号输入	▷	放置反相器符号	◁▷	双向 I/O 符号	→	数据左移符号
≤	放置≤符号	Σ	放置求和符号 ∑	⊓	施密特触发功能	→	数据右移符号

3.4　绘制新元件

制作新元件的一般步骤如下:

(1)新建一个元件库;

(2)设置工作参数;

(3)修改元件名称;

(4)在第四象限的原点附近绘制元件外形;

(5)放置元件管脚;

(6)调整修改,设置元件封装形式(Footprint)等信息;

(7)保存元件。

3.4.1　新建元件库

1.新建元件库

进入 Protel 99SE,执行菜单 File→New,出现在对话框中后缀名为.lib 的文件,新建一个元件库,修改元件库名。

在元件库中,系统会自动新建一个名为 Component_1 的元件,执行菜单 Tools→Rename Component 更改元件名。

2.设置栅格尺寸

执行菜单 Options→Document Options,打开工作参数设置对话框。在 Grids 区中设置捕获栅格(Snap)和可视栅格(Visible)尺寸,一般均设置为 10 mil。

3.4.2　绘制元件图形与编辑元件管脚

对于规则元件,通常可以使用矩形来定义元件的边框图形;对于不规则的元件则需要使用画线、画多边形等方式进行绘制。

元件图形绘制完毕,就可以在图形上添加管脚。

执行菜单 Place→Pins 或单击画图工具栏上的按钮 ,进入放置元件管脚状态,此时光标上悬浮着一个管脚,按 <Tab> 键,屏幕弹出图 1 - 3 - 6 所示的管脚属性对话框。对话框中主要参数含义如下。

☆Name:设置管脚的名称。

☆Number:设置管脚号。

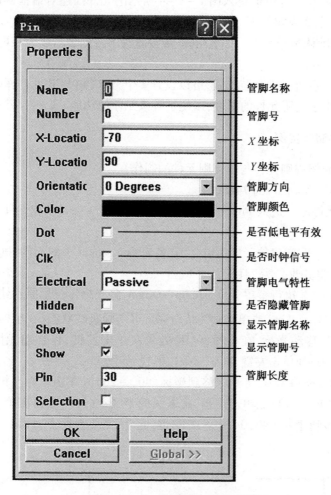

图 1 - 3 - 6　管脚属性设置对话框

☆Orientation 下拉列表框:设置管脚的放置方向。

☆Dot Symbol 复选框:选中后管脚末端出现一个小圆圈,代表该管脚为低电平有效。

☆Clk Symbol 复选框:选中后管脚末端出现一个小三角形,代表该管脚为时钟信号管脚。

☆Electrical Type 下拉列表框：设置管脚的类型，共有八种管脚类型，即 Input 输入型、I/O 输入/输出型、Output 输出型、Open Collector 集电极开路输出型、Passive 无源型、Hiz 三态输出型、Open Emitter 发射极开路输出型、Power 电源型。

☆Hidden 复选框：选中后管脚具有隐藏特性，管脚不显示。

☆Pin Length：设置管脚的长度。

参数设置完毕，单击 OK 按钮，将管脚移动到合适位置后，单击鼠标左键，放置管脚。

放置管脚时要注意管脚只有一端具有电气特性，在放置时应将不具有电气特性的一端（即光标所在端）与元件图形相连。

3.4.3　添加元件描述信息

选择菜单 Tools→Description，进入图 1 - 3 - 4 所示的元件描述对话框，可以对所设计的元件信息进行设置，主要内容如下。

☆Default：设置默认标号类型。如电阻，一般设置为 R?，则表示以后在电路图元件自动标注时以 R1、R2 等编排。

☆Footprint：用于设置元件封装形式，可以设置多个，它应同 PCB 元件库中的名称一致。

☆Description：用于说明元件的属性，以便了解该元件的功能。

3.4.4　库元件制作实例

下面几个例子介绍规则元件与不规则元件的制作。

1. 设计常规模式（Normal）的 74LS00

（1）新建一个元件库。进入 Protel 99SE，执行菜单 File→New，新建元件库，并将库名改为 NEWTTL. lib

（2）修改元件名。在新建的元件库中，已有名为 Component_1 的元件，执行菜单 Tools→Rename Component，将其改名为 74LS00。

（3）放大工作窗口并执行菜单 Edit→Jump→Origin，将光标定位到原点处。

（4）执行菜单 Place→Line 或单击画线按钮 ╱，进入画直线状态，在坐标（40,0）处单击左键，定下直线起点，移动光标，在坐标（0,0）处再次单击左键，再移动光标，分别在坐标（0,-40）及（40,-40）处单击左键，画好三条边框线，如图 1 - 3 - 7 所示。

（5）执行菜单 Place→Arcs，将光标移到坐标（40,-20）处单击鼠标左键，定下圆心；然后将光标移到坐标（40,-40）处单击左键，定下圆的半径；在同一点再次单击左键，定下圆弧的起点；将光标移到坐标（40,0）处单击左键，定下圆弧的终点，画出一段圆弧，如图 1 - 3 - 8 所示。

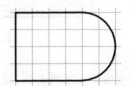

图 1 - 3 - 7　绘制边框线　　　　　　　　图 1 - 3 - 8　绘制圆弧

（6）执行菜单 Place→Pins，按 < Tab > 键，调出属性对话框，具体设置为：Name：空，

Number:1,Orientation:180 Degrees,Electrical Type:Input,然后将光标移到坐标(0,-10)单击左键,放下第一个管脚,同理将光标移到坐标(0,-30),放下第二管脚,这时管脚号自动加1;再次按<Tab>键,设置属性为 Name:空,Number:3,Orientation:0 Degrees,Dot:选中,Electrical Type:Output,然后将光标移到坐标(60,-20)单击左键,放下第三个管脚。

(7)放置隐藏的电源管脚。执行菜单 Place→Pins,按下<Tab>键,在属性对话框中,设置参数为:Name:Vcc,Number:14,Orientation:90 Degrees,Electrical Type:Power,Hidden 复选框选中,将光标移到坐标(10,0)处放下隐藏的管脚 Vcc,同理放置隐藏的管脚 GND(管脚号为7),至此完成74LS00中第一个功能单元的绘制,结果如图1-3-9所示,图中管脚 Vcc和 GND 已隐藏。

(8)由于每个74LS00元件中包含有四个功能单元,接下来绘制第二个功能单元,为了提高效率,可以采用复制的方法。

执行菜单 Edit→Select→All,这时所有图件均处于选取状态,执行命令 Edit→Copy,将光标定位在坐标(0,0)处单击左键,这样所有图件均被复制到剪切板。取消选取状态,并执行命令 Tools→New Part,这时出现一张新的工作窗口,在元件库管理器中,注意到现在的位置是(2/2),将窗口放大后,执行菜单 Edit→Paste,将光标定位到坐标(0,0)处单击左键,将剪切板中的图件粘贴到新窗口中,执行菜单 Edit→Deselect→All 取消图件的选取状态,最后改变三个管脚的管脚号,即完成了第二个部件的绘制,绘制好的部件如图1-3-10所示。

(9)按照同样的方法,绘制完成另外两个功能单元。

(10)执行菜单 Tools→Description,在弹出的菜单中设置 Default 为 U?;设置 Footprint为 DIP14。

(11)保存退出。执行菜单 File→Save 将文件保存。

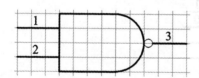

图1-3-9 绘制完成第一个功能单元

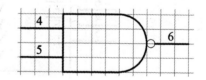

图1-3-10 绘制完成第二个功能单元

2. 设计 IEEE 模式的 DM74LS00

(1)打开 NEWTTL.lib 元件库,执行 Tools→New Component,新建一个元件。

(2)执行菜单 Tools→Rename Component,将元件名改名为 DM74LS00。

(3)在元件管理器的 Mode 区中设置元件模式为 IEEE 模式。

(4)放大工作窗口并执行菜单 Edit→Jump→Origin,将光标定位到原点处。

(5)单击绘制矩形按钮□,在原点附近放置 50 mil×40 mil 的矩形框。

(6)单击放置文字按钮**T**,在矩形框中放置符号"&",如图1-3-11所示。

(7)单击放置元件管脚按钮,同上例方法放置管脚1,Input;管脚2,Input;管脚3,Output;管脚7,GND,隐藏;管脚14,Vcc,隐藏。如图1-3-12所示,图中管脚 Vcc和 GND已隐藏。

(8)单击 IEEE 符号栏按钮,在管脚3上放置低电平有效输出符号,第一个功能单元绘制完毕,如图1-3-13所示。

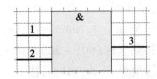

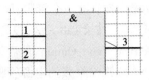

图 1 - 3 - 11　绘制　　图 1 - 3 - 12　放置管脚　　图 1 - 3 - 13　绘制第一个

矩形框　　　　　　　　　　　　　　　　　　　　　功能单元

（9）采用与上例中相似的方法绘制其他三个功能单元。

（10）设置元件信息。执行 Tools→Description，在对话框中设置 Default 为 U?；设置 Footprint 为 DIP14 和 SO - 14。

（11）保存元件并退出。

3. 设计常规模式（Normal）的规则元件 74LS138

74LS137 与上例中的 74LS00 相比，元件图形比较规则，只需画出矩形框，并定义好管脚，设置好元件信息即可，74LS138 的外观如图 1 - 3 - 14 所示。

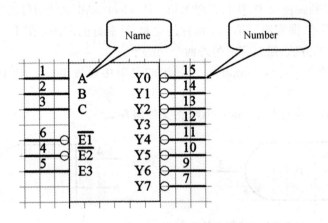

图 1 - 3 - 14　元件 74LS138 外观图

（1）在 NEWTTL. lib 库中新建元件 74LS138。

（2）设置栅格尺寸，可视栅格和捕获栅格为 10 mil。

（3）执行菜单 Place→Rectangle，在第四象限绘制 60 mil × 90 mil 的矩形块。

（4）执行菜单 Place→Pins 放置元件管脚，并设置管脚属性，其中 A，B，C，$\overline{E1}$，$\overline{E2}$，E3 为输入管脚；Y0 ~ Y7 为输出管脚；8 脚为接地、16 为电源，将 8 脚、16 脚隐藏；设置 4,5 管脚名的格式为 E\1\，E\2\。

（5）执行菜单 Tools→Description，在弹出的菜单中设置 Default 为 U?；设置 Footprint 为 DIP16。

（6）保存退出。

3.5　利用已有的库元件绘制新元件

在绘制元件时,有时只想在原有元件上做些修改,得到新元件,此时可以将该元件符号复制到当前库中进行编辑修改,产生新元件。

下面以将双列直插式的元件 8255(40 脚),修改为 PLCC 封装的 44 脚的 8255 芯片为例,介绍绘制方法。

(1)启动元件库编辑器,新建原理图库元件 NEW.lib,新建原理图文件 *.SCH。

(2)双击原理图文件,进入原理图编辑器,执行菜单 Tools→Find Component 查找元件 8255,如图 1 – 3 – 15 所示。

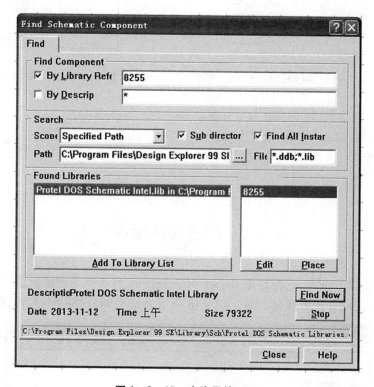

图 1 – 3 – 15　查找元件 8255

由图中可知,元件 8255 位于元件库 Protel DOS Schematic Intel.lib 中,单击图 1 – 3 – 15 中的 Edit 按钮,系统自动进入编辑 Protel DOS Schematic Intel.lib 元件库状态,屏幕上显示当前元件 8255 的图形符号,如图 1 – 3 – 16 所示。

(3)执行菜单 Edit→Select→All 选中编辑区中的 8255 图形符号,执行菜单 Edit→Copy,复制库元件 8255。

(4)将工作界面切换到 NEW.lib 元件库编辑界面,执行菜单 Edit→Paste,将元件复制到坐标原点附近,单击 ⚡ 按钮,取消元件的选中状态。

(5)在工作区中,根据图 1 – 3 – 17 修改 8255 的管脚号,并添加 4 个空脚,管脚号分别为 1、12、23 和 34,管脚名均为 NC。

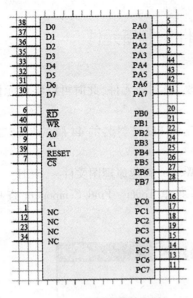

图 1 – 3 – 16　40 脚的 8255　　　　图 1 – 3 – 17　44 脚的 8255

（6）设置元件信息，将 Defaul 为 U?；设置 Footprint 为 PLCC44。

（7）将管脚 1、12、23 和 34 设置为隐藏。

（8）将元件名修改为 8255（44）。

（9）保存元件。

3.6　产生元件报表

1. 在元件编辑界面上，选择菜单 Report→Component，将产生当前编辑窗口的元件报表，元件报表文件以 .cmp 为扩展名。图 1 – 3 – 18 所示为元件 74LS138 的报表信息。

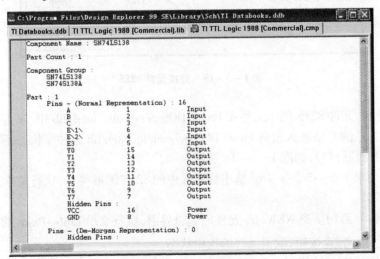

图 1 – 3 – 18　元件报表信息

2. 从图中可以获得元件组的信息；各种元件模式下的元件管脚的编号、名称和电气特性信息。

3. 执行 Report→Library，可以获得元件库报表。

3.7　本章小结

本章主要介绍元器件编辑器的使用方法。原理图元件有 Normal、De – Morgan 和 IEEE 三种显示模式。绘制规则的元件可以采用方块形式进行，对于不规则的元件则要采用各种画线工具进行绘制。原理图的管脚只有一端具有电气特性，绘制时应将不具备电气特性的一端与元件符号相连。元件绘制完毕，一般要添加元件描述信息和封装形式。绘制多功能单元元件时，应注意不同功能单元的管脚号不同。相似元件的绘制可以通过复制元件图形，并进行编辑、修改的方法进行。

第4章 印制电路板设计基础

4.1 印制电路板概述

在实际电路设计中,完成原理图绘制和电路仿真后,最终需要将电路中的实际元件安装在印制电路板(Printed Circuit Board,简称 PCB)上。原理图的绘制解决了电路的逻辑连接,而电路元件的物理连接靠 PCB 上的铜箔实现。

随着中、大规模集成电路出现,元器件安装朝着自动化、高密度方向发展,对印制电路板导电图形的布线密度、导线精度和可靠性要求越来越高。为满足对印制电路板数量上和质量上的要求,印制电路板的生产也越来越专业化、标准化、机械化和自动化,如今已在电子工业领域中形成一门新兴的 PCB 制造工业。

印制电路板(也称印制线路板,简称印制板)是指以绝缘基板为基础材料加工成一定尺寸的板,在其上面至少有一个导电图形及所有设计好的孔(如元件孔、机械安装孔及金属化孔等),以实现元器件之间的电气互连。

4.1.1 印制电路板的发展

印制电路技术虽然在第二次世界大战后才获得迅速发展,但是"印制电路"这一概念的来源,却要追溯到 19 世纪。在 19 世纪,由于不存在复杂的电子装置和电气机械,因此没有大量生产印制电路板的问题,只是大量需要无源元件,如电阻、线圈等。1899 年,美国人提出采用金属箔冲压法,在基板上冲压金属箔制出电阻器,1927 年提出采用电镀法制造电感、电容。经过几十年的实践,英国 Paul Eisler 博士提出印制电路板概念,并奠定了光蚀刻工艺的基础。随着电子元器件的出现和发展,特别是 1948 年出现晶体管,电子仪器和电子设备大量增加并趋向复杂化,印制板的发展进入一个新阶段。

20 世纪 50 年代中期,随着大面积的高黏合强度覆铜板的研制,为大量生产印制板提供了材料基础。1954 年,美国通用电气公司采用了图形电镀 – 蚀刻法制板。

20 世纪 60 年代,印制板得到广泛应用,并日益成为电子设备中必不可少的重要部件。在生产上除大量采用丝网漏印法和图形电镀 – 蚀刻法(即减成法)等工艺外,还应用了加成法工艺,使印制导线密度更高。目前高层数的多层印制板、挠性印制电路、金属芯印制电路、功能化印制电路都得到了长足的发展。

我国在印制电路技术的发展较为缓慢,20 世纪 50 年代中期试制出单面板和双面板,20 世纪 60 年代中期,试制出金属化双面印制板和多层板样品,1977 年左右开始采用图形电镀 – 蚀刻法工艺制造印制板。1978 年试制出加成法材料 – 覆铝箔板,并采用半加成法生产印制板。20 世纪 80 年代初研制出挠性印制电路和金属芯印制板。

在电子设备中,印制电路板通常起三个作用:

☆为电路中的各种元器件提供必要的机械支撑;

☆提供电路的电气连接;

☆用标记符号将板上所安装的各个元器件标注出来,便于插装、检查及调试。

但是,更为重要的是,使用印制电路板有四大优点:

☆具有重复性;

☆板的可预测性;

☆所有信号都可以沿导线任一点直接进行测试,不会因导线接触引起短路;

☆印制板的焊点可以在一次焊接过程中将大部分焊完。

正因为印制板有以上特点,所以从它面世的那天起,就得到了广泛的应用和发展,现代印制板已经朝着多层、精细线条的方向发展。特别是20世纪80年代开始推广的SMD(表面封装)技术是高精度印制板技术与VLSI(超大规模集成电路)技术的紧密结合,大大提高了系统安装密度与系统的可靠性。

4.1.2 印制电路板种类

目前的印制电路板一般以铜箔覆在绝缘板(基板)上,故亦称覆铜板。

1. 根据PCB导电板层划分

(1)单面印制板(Single Sided Print Board)。单面印制板指仅一面有导电图形的印制板,板的厚度约在0.2~5.0 mm,它是在一面敷有铜箔的绝缘基板上,通过印制和腐蚀的方法在基板上形成印制电路。它适用于一般要求的电子设备。

(2)双面印制板(Double Sided Print Board)。双面印制板指两面都有导电图形的印制板,板的厚度约为0.2~5.0 mm,它是在两面敷有铜箔的绝缘基板上,通过印制和腐蚀的方法在基板上形成印制电路,两面的电气互连通过金属化孔实现。它适用于要求较高的电子设备,由于双面印制板的布线密度较高,所以能减小设备的体积。

(3)多层印制板(Multilayer Print Board)。多层印制板是由交替的导电图形层及绝缘材料层层压黏合而成的一块印制板,导电图形的层数在两层以上,层间电气互连通过金属化孔实现。多层印制板的连接线短而直,便于屏蔽,但印制板的工艺复杂,由于使用金属化孔,可靠性稍差。它常用于计算机的板卡中。

对于电路板的制作而言,板的层数越多,制作程序就越多,失败率当然增加,成本也相对提高,所以只有在高级的电路中才会使用多层板。

图1-4-1所示为四层板剖面图。通常在电路板上,元件放在顶层,所以一般顶层也称元件面,而底层一般是焊接用的,所以又称焊接面。对于SMD元件,顶层和底层都可以放元件。元件也分为两大类,插针式元件和表面贴片式元件(SMD)。

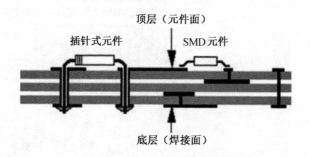

图1-4-1 四层板剖面图

2. 根据 PCB 所用基板材料划分

（1）刚性印制板（Rigid Print Board）。刚性印制板是指以刚性基材制成的 PCB，常见的 PCB 一般是刚性 PCB，如计算机中的板卡、家电中的印制板等。常用刚性 PCB 有：纸基板、玻璃布板和合成纤维板，后两者价格较贵，性能较好，常用作高频电路和高档家电产品中；当频率高于数百兆赫时，必须用介电常数和介质损耗更小的材料，如聚四氟乙烯和高频陶瓷作基板。

（2）柔性印制板（Flexible Print Board，也称挠性印制板、软印制板）。柔性印制板是以软性绝缘材料为基材的 PCB。由于它能进行折叠、弯曲和卷绕，因此可以节约 60% ~ 90% 的空间，为电子产品小型化、薄型化创造了条件，它在计算机、打印机、自动化仪表及通信设备中得到广泛应用。

（3）刚 – 柔性印制板（Flex – rigid Print Board）。刚 – 柔性印制板指利用柔性基材，并在不同区域与刚性基材结合制成的 PCB，主要用于印制电路的接口部分。

4.1.3　PCB 设计中的基本组件

1. 板层（Layer）

板层分为敷铜层和非敷铜层，平常所说的几层板是指敷铜层的层数。一般敷铜层上放置焊盘、线条等完成电气连接；在非敷铜层上放置元件描述字符或注释字符等；还有一些层面用来放置一些特殊的图形来完成一些特殊的作用或指导生产。

敷铜层包括顶层（又称元件面）、底层（又称焊接面）、中间层、电源层、地线层等；非敷铜层包括印记层（又称丝印层）、板面层、禁止布线层、阻焊层、助焊层、钻孔层等。

对于一个批量生产的电路板而言，通常在印制板上铺设一层阻焊剂，阻焊剂一般是绿色或棕色，除了要焊接的地方外，其他地方根据电路设计软件所产生的阻焊图来覆盖一层阻焊剂，这样可以快速焊接，并防止焊锡溢出引起短路；而对于要焊接的地方，通常是焊盘，则要涂上助焊剂。

为了让电路板更具有可看性，便于安装与维修，一般在顶层上要印一些文字或图案，如图 1 – 4 – 2 中的 R1、R3 等，这些文字或图案用于说明电路，通常放在丝印层上，在顶层的称

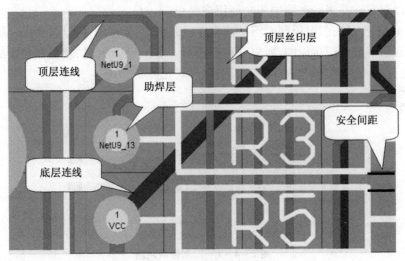

图 1 – 4 – 2　某电路局部印制板图

为顶层丝印层(Top Overlay),而在底层的则称为底层丝印层(Bottom Overlay)。

2. 焊盘(Pad)

焊盘用于固定元器件管脚或用于引出连线、测试线等,它有圆形、方形等多种形状。焊盘的参数有焊盘编号、X 方向尺寸、Y 方向尺寸、钻孔孔径尺寸等。

焊盘分为插针式及表面贴片式两大类,其中插针式焊盘必须钻孔,表面贴片式焊盘无须钻孔,图1-4-3所示为焊盘示意图。

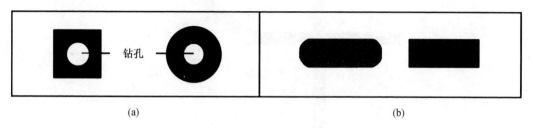

(a)   (b)

图1-4-3 焊盘示意图

(a)插针式焊盘;(b)表面贴片式焊盘

3. 过孔(Via)

过孔也称金属化孔,在双面板和多层板中,为连通各层之间的印制导线,在各层需要连通的导线的交汇处钻上一个公共孔,即过孔。在工艺上,过孔的孔壁圆柱面上用化学沉积的方法镀上一层金属,用以连通中间各层需要连通的铜箔,而过孔的上下两面做成圆形焊盘形状,过孔的参数主要有孔的外径和钻孔尺寸。

过孔不仅可以是通孔,还可以是掩埋式。所谓通孔式过孔是指穿通所有敷铜层的过孔;掩埋式过孔则仅穿通中间几个敷铜层面,仿佛被其他敷铜层掩埋起来。图1-4-4为六层板的过孔剖面图,包括元件面、电源层、内层一、内层二、地层和焊接面。

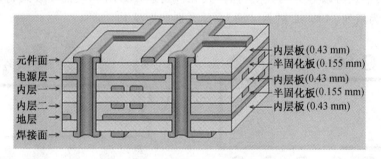

图1-4-4 过孔剖面图

4. 连线(Track、Line)

连线指的是有宽度、有位置方向(起点和终点)、有形状(直线或弧线)的线条。在铜箔面上的线条一般用来完成电气连接,称为印制导线或铜膜导线;在非敷铜面上的连线一般用作元件描述或其他特殊用途。

印制导线用于印制板上的线路连接,通常印制导线是两个焊盘(或过孔)间的连线,而大部分的焊盘就是元件的管脚,当无法顺利连接两个焊盘时,往往通过跳线或过孔实现连接。图1-4-5所示为印制导线走线图,图中为双面板,采用垂直布线法,一层水平走线,另一层垂直走线,两层间印制导线的连接由过孔实现。

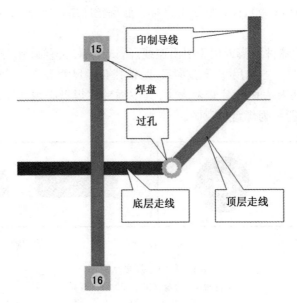

图 1 - 4 - 5　印制导线的走线图

5. 元件的封装(Component Package)

元件的封装是指实际元件焊接到电路板时所指示的外观和焊盘位置。不同的元件可以使用同一个元件封装,同种元件也可以有不同的封装形式。

在进行电路设计时要分清楚原理图和印制板中的元件,原理图中的元件指的是单元电路功能模块,是电路图符号;PCB 设计中的元件是指电路功能模块的物理尺寸,是元件的封装。

元件封装形式可以分为两大类:插针式元件封装(THT)和表面安装式封装(SMT),图 1 - 4 - 6所示为双列 14 脚 IC 的封装图,主要区别在焊盘上。

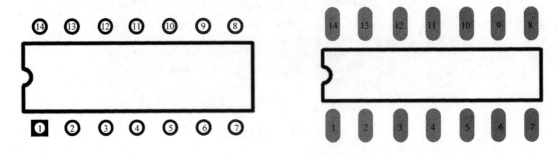

图 1 - 4 - 6　两种类型的元件封装
(a)插针式元件封装;(b)表面安装式封装

元件封装的命名一般与管脚间距和管脚数有关,如电阻的封装 AXIAL0.3 中的 0.3 表示管脚间距为 0.3 英寸或 300 mil(1 英寸 = 1 000 mil);双列直插式 IC 的封装 DIP8 中的 8 表示集成块的管脚数为 8。元件封装中数值的意义如图 1 - 4 -7 所示。

6. 安全间距(Clearance)

在进行印制板设计时,为了避免导线、过孔、焊盘及元件的相互干扰,必须在它们之间

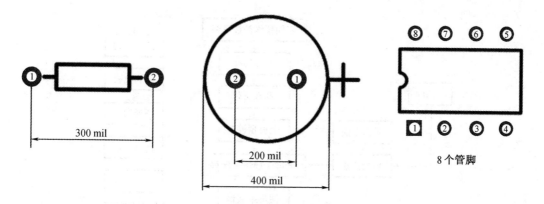

图 1 - 4 - 7　元件封装中数值的意义
(a) AXIAL0.3；(b) RB.2/.4；(c) DIP8

留出一定的间距,这个间距称为安全间距。

7. 网络(Net)和网络表(Netlist)

从元件的某个管脚上到其他管脚或其他元件管脚上的电气连接关系称作网络。每个网络均有唯一的网络名称,有的网络名是人为添加的,有的是计算机自动生成的,自动生成的网络名由该网络内两个连接点的管脚名称构成。

网络表描述电路中元器件特征和电气连接关系,一般可以从原理图中获取,它是原理图设计和 PCB 设计之间的纽带。

8. 飞线(Connection)

飞线是在电路进行自动布线时供观察用的类似橡皮筋的网络连线,网络飞线不是实际连线。通过网络表调入元件并进行布局后,就可以看到该布局下的网络飞线的交叉状况,飞线交叉越少,布通率越高。

自动布线结束,未布通的网络上仍然保留网络飞线,此时可以用手工连接的方式连通这些网络。

9. 栅格(Grid)

栅格用于 PCB 设计时的位置参考和光标定位,有公制和英制两种。

4.1.4　印制电路板制作生产工艺流程

制造印制电路板最初的一道基本工序是将底图或照相底片上的图形,转印到敷铜箔层压板上。最简单的一种方法是印制—蚀刻法,或称为铜箔腐蚀法,即用防护性抗蚀材料在敷铜箔层压板上形成正性的图形,那些没有被抗蚀材料防护起来的不需要的铜箔随后经化学蚀刻而被去掉,蚀刻后将抗蚀层除去就留下由铜箔构成的所需的图形。一般印制板的制作要经过 CAD 辅助设计、照相底版制作、图像转移、化学镀、电镀、蚀刻和机械加工等过程,图 1 - 4 - 8 为双面板图形电镀—蚀刻法的工艺流程图。

单面印制板一般采用酚醛纸基覆铜箔板制作,也采用环氧纸基或环氧玻璃布覆铜箔板,单面板图形较简单,一般采用丝网漏印正性图形,然后蚀刻出印制板,也有采用光化学法生产。

双面印制板通常采用环氧玻璃布覆铜箔板制造,双面板制造一般分为工艺导线法、堵

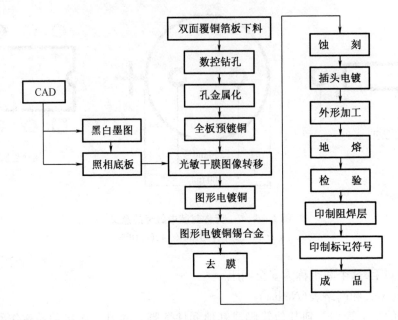

图 1 - 4 - 8 双面板制作工艺流程

孔法、掩蔽法和图形电镀 – 蚀刻法。

多层印制板一般采用环氧玻璃布覆铜箔层压板。为提高金属化孔的可靠性,尽量选用耐高温、基板尺寸稳定性好、厚度方向热线膨胀系数较小,并和铜镀层热线膨胀系数基本匹配的新型材料。制作多层印制板,先用铜箔蚀刻法做出内层导线图形,然后根据要求,把几张内层导线图形重叠,放在专用的多层压机内,经过热压、粘合工序,制成具有内层导电图形的覆铜箔的层压板。

目前已基本定型的主要工艺有以下两种。

(1)减成法工艺。它是通过有选择性地除去不需要的铜箔部分来获得导电图形的方法。减成法是印制电路制造的主要方法,它的最大优点是工艺成熟、稳定和可靠。

(2)加成法工艺。它是在未覆铜箔的层压板基材上,有选择地淀积导电金属而形成导电图形的方法。加成法工艺的优点是避免大量蚀刻铜,降低了成本;生产工序简化,生产效率提高;镀铜层的厚度一致,金属化孔的可靠性提高;印制导线平整,能制造高精密度 PCB。

4.2 印制电路板布局和布线原则

有时电路从原理上是能实现的,但由于元件布局不合理或走线存在问题,致使设计出来的电路可靠性下降,甚至无法实现预定的功能,因此印制板的布局和布线必须遵循一些原则。

为保证印制板的质量,在设计前一般要考虑 PCB 的可靠性、工艺性和经济性问题。

(1)可靠性。印制板可靠性是影响电子设备的重要因素,在满足电子设备要求的前提下,应尽量将多层板的层数设计得少一些。

(2)工艺性。设计者应考虑所设计的印制板的制造工艺尽可能简单。一般来说宁可设计层数较多、导线和间距较宽的印制板,而不设计层数较少、布线密度很高的印制板,这和可靠性的要求是矛盾的。

(3)经济性。印制板的经济性与其制造工艺直接相关,应考虑与通用的制造工艺方法相适应,尽可能采用标准化的尺寸结构,选用合适等级的基板材料,运用巧妙的设计技术来降低成本。

4.2.1　印制电路板布局原则

元件布局是将元件在一定面积的印制板上合理地排放,它是设计 PCB 的第一步。布局是印制板设计中最耗费精力的工作,往往要经过若干次布局比较,才能得到一个比较满意的布局。

一个好的布局,首先要满足电路的设计性能,其次要满足安装空间的限制,在没有尺寸限制时,要使布局尽量紧凑,减小 PCB 设计的尺寸,减少生产成本。

为了设计出质量好、造价低、加工周期短的印制板,印制板布局应遵循下列的一般原则。

1. 元件排列规则

(1)在通常条件下,所有的元件均应布置在印制板的同一面上,只有在顶层元件过密时,才能将一些高度有限并且发热量小的器件,如贴片电阻、贴片电容、贴片 IC 等放在底层。

(2)在保证电气性能的前提下,元件应放置在栅格上且相互平行或垂直排列,以求整齐、美观,一般情况下不允许元件重叠,元件排列要紧凑,输入和输出元件尽量远离。

(3)某些元器件或导线之间可能存在较高的电位差,应加大它们之间的距离,以免因放电、击穿引起意外短路。

(4)带高压的元器件应尽量布置在调试时手不易触及的地方。

(5)位于板边缘的元件,离板边缘至少 2 个板厚。

(6)元器件在整个板面上分布均匀、疏密一致。

2. 按照信号走向布局原则

(1)通常按照信号的流程逐个安排各个功能电路单元的位置,以每个功能电路的核心元件为中心,围绕它进行布局。

(2)元件的布局应便于信号流通,使信号尽可能保持一致的方向。多数情况下,信号的流向安排为从左到右或从上到下,与输入、输出端直接相连的元件应当放在靠近输入、输出接插件或连接器的地方。

3. 防止电磁干扰

(1)对辐射电磁场较强的元件,以及对电磁感应较灵敏的元件,应加大它们相互之间的距离或加以屏蔽,元器件放置的方向应与相邻的印制导线交叉。

(2)尽量避免高低电压器件相互混杂、强弱信号的器件交错在一起。

(3)对于会产生磁场的元器件,如变压器、扬声器、电感等,布局时应注意减少磁力线对印制导线的切割,相邻元件的磁场方向应相互垂直,减少彼此间的耦合。

(4)对干扰源进行屏蔽,屏蔽罩应良好接地。

(5)高频下工作的电路,要考虑元器件间分布参数的影响。

4. 抑制热干扰

(1)对于发热的元器件,应优先安排在利于散热的位置,必要时可以单独设置散热器或小风扇,以降低温度,减少对邻近元器件的影响。

(2)一些功耗大的集成块、大或中功率管、电阻等元件,要布置在容易散热的地方,并与其他元件隔开一定距离。

(3)热敏元件应紧贴被测元件并远离高温区域,以免受到其他发热元件影响,引起误动作。

(4)双面放置元件时,底层一般不放置发热元件。

5. 提高机械强度

(1)要注意整个 PCB 板的重心平衡与稳定,重而大的元件尽量安置在印制板上靠近固定端的位置,并降低重心,以提高机械强度和耐振、耐冲击能力,以及减少印制板的负荷和变形。

(2)重 15 克以上的元器件,不能只靠焊盘来固定,应当使用支架或卡子加以固定。

(3)为便于缩小体积或提高机械强度,可设置"辅助底板",将一些笨重的元件,如变压器、继电器等安装在辅助底板上,并利用附件将其固定。

(4)板的最佳形状是矩形(长宽比为 3:2 或 4:3),板面尺寸大于 200 mm × 150 mm 时,要考虑板所受的机械强度,可以使用机械边框加固。

(5)要在印制板上留出固定支架、定位螺孔和连接插座所用的位置。

6. 可调节元件的布局

对于电位器、可变电容器、可调电感线圈或微动开关等可调元件的布局应考虑整机的结构要求,若是机外调节,其位置要与调节旋钮在机箱面板上的位置相适应;若是机内调节,则应放置在印制板上能够方便调节的地方。

4.2.2　印制电路板布线原则

布线和布局是密切相关的两项工作,布局的好坏直接影响着布线的布通率。布线受布局、板层、电路结构、电性能要求等多种因素影响,布线结果又直接影响电路板性能。进行布线时要综合考虑各种因素,才能设计出高质量的 PCB 图。

1. 基本布线方法

(1)直接布线。传统的印制板布线方法起源于最早的单面印制线路板。其过程为:先把最关键的一根或几根导线从始点到终点直接布设好,然后把其他次要的导线绕过这些导线布下,通用的技巧是利用元件跨越导线来提高布线效率,布不通的线可以通过短路线(飞线)解决,如图 1 – 4 – 9 所示。

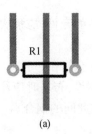
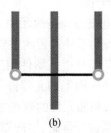

(a)　　　　　　　　　　(b)

图 1 – 4 – 9　单面板布线处理方法

(a)元件跨越导线;(b)顶层短路线

（2）X – Y 坐标布线。X – Y 坐标布线指布设在印制板一面的所有导线与印制线路板边沿平行,而布设在另一面的则与前一面的导线正交,两面导线的连接通过金属化孔实现,如图 1 – 4 – 10 所示。

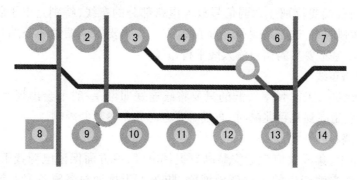

图 1 – 4 – 10　双面板布线

2. 印制板布线的一般原则

（1）布线板层选择

印制板布线可以采用单面、双面或多层,一般应首先选用单面,其次是双面,在仍不能满足设计要求时才选用多层板。

（2）印制导线宽度原则

①印制导线的最小宽度主要由导线与绝缘基板间的粘附强度和流过它们的电流值决定。一般选用导线宽度在 1.5 mm 左右就可以满足要求,对于 IC,尤其数字电路通常选 0.2～0.3 mm 就足够。只要密度允许,尽可能用宽线,尤其是电源和地线。

②印制导线的线宽一般要小于与之相连焊盘的直径。

（3）印制导线的间距原则

导线的最小间距主要由最坏情况下的线间绝缘电阻和击穿电压决定。导线越短、间距越大,绝缘电阻就越大,一般选用间距 1～1.5 mm 完全可以满足要求。对集成电路,尤其是数字电路,只要工艺允许可使间距很小。

（4）信号线走线原则

①输入、输出端的导线应尽量避免相邻平行,平行信号线间要尽量留有较大的间隔,最好加线间地线,起到屏蔽的作用。

②印制板两面的导线应互相垂直、斜交或弯曲走线,避免平行,减少寄生耦合。

③信号线高、低电平悬殊时,要加大导线的间距;在布线密度比较低时,可加粗导线,信号线的间距也可适当加大。

（5）地线的布设

①一般将公共地线布置在印制板的边缘,便于印制板安装和进行机械加工,而且还提高了绝缘性能。

②在印制电路板上应尽可能多地保留铜箔做地线,这样传输特性和屏蔽作用将得到改善,并且起到减少分布电容的作用。地线（公共线）不能设计成闭合回路,在高频电路中,应采用大面积接地方式。

③印制板上若装有大电流器件,如继电器、扬声器等,它们的地线最好要分开独立走,以减少地线上的噪声。

④模拟电路与数字电路的电源、地线应分开排布,这样可以减小模拟电路与数字电路之间的相互干扰。

(6)模拟电路布线

模拟电路的布线要特别注意弱信号放大电路部分的布线,特别是电子管的栅极、半导体管的基极和高频回路,这是最易受干扰的地方。布线要尽量缩短线条的长度,所布的线要紧挨元器件,尽量不要与弱信号输入线平行布线。

(7)数字电路布线

数字电路布线中,工作频率较低的只要将线连好即可,一般不会出现太大的问题。工作频率较高,特别是高到几百兆赫时,布线时要考虑分布参数的影响。

(8)高频电路布线

①高频电路中,集成块应就近安装高频退耦电容,一方面保证电源线不受其他信号干扰,另一方面可将本地产生的干扰就地滤除,防止了干扰通过各种途径(空间或电源线)传播。

②高频电路布线的引线最好采用直线,如果需要转折,采用45度折线或圆弧转折,这样可以减少高频信号对外的辐射和相互间的耦合。管脚间引线越短越好,引线层间过孔越少越好。

(9)信号屏蔽

①印制板上的元件若要加屏蔽时,可以在元件外面套上一个屏蔽罩,在底板的另一面对应于元件的位置再罩上一个扁形屏蔽罩(或屏蔽金属板),将这两个屏蔽罩在电气上连接起来并接地,这样就构成了一个近似于完整的屏蔽盒。

②印制导线如果需要进行屏蔽,在要求不高时,可采用印制导线屏蔽。对于多层板,一般通过电源层和地线层的使用,既解决电源线和地线的布线问题,又可以对信号线进行屏蔽,如图 1 - 4 - 11 所示。

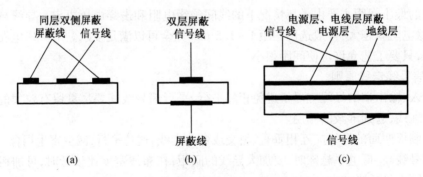

图 1 - 4 - 11　印制导线屏蔽方法
(a)单面板;(b)双面板;(c)多层板

(10)大面积铜箔的使用

印制导线在不影响电气性能的基础上,应尽量避免采用大面积铜箔。如果必须使用大面积铜箔时,应局部开窗口,以防止长时间受热时,铜箔与基板间的粘合剂产生的挥发性气体无法排除,热量不易散发,以致产生铜箔膨胀和脱落现象,如图 1 - 4 - 12 所示,大面积铜箔上的焊盘连接如图 1 - 4 - 13 所示。

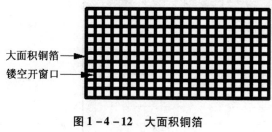

图 1 - 4 - 12　大面积铜箔
镂空示意图

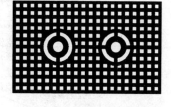

图 1 - 4 - 13　大面积铜箔上的
焊盘处理

（11）印制导线走向与形状

①印制导线的拐弯处一般应取圆弧形,直角和锐角在高频电路和布线密度高的情况下会影响电气性能。

②从两个焊盘间穿过的导线尽量均匀分布。

图 1 - 4 - 14 所示为印制板走线的示例,其中(a)图中三条走线间距不均匀;(b)图中走线出现锐角;(c)、(d)图中走线转弯不合理;(e)图中印制导线尺寸比焊盘直径大。

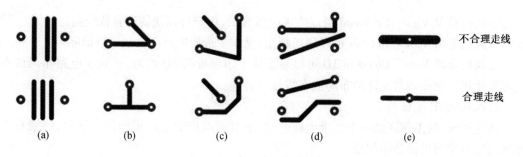

不合理走线

合理走线

(a)　　　　(b)　　　　(c)　　　　(d)　　　　(e)

图 1 - 4 - 14　PCB 走线图

4.3　Protel 99SE 印制板编辑器

4.3.1　启动 PCB 99SE

进入 Protel 99SE 的主窗口后,执行菜单 File→New 建立新的设计项目,单击 OK 按钮,在出现的新界面中指定文档位置,再次执行 File→New,屏幕弹出新建文件的对话框,点击后缀名为.PCB 的文件,系统产生一个 PCB 文件,默认文件名为 PCB1.PCB,此时可以修改文件名,双击该文件进入 PCB 99SE 编辑器,如图 1 - 4 - 15 所示。

4.3.2　PCB 编辑器的画面管理

1.窗口显示

在 PCB 99SE 中,窗口管理可以执行菜单 View 下的命令实现,窗口的排列可以通过执行 Windows 菜单下的命令来实现,常用的命令如下。

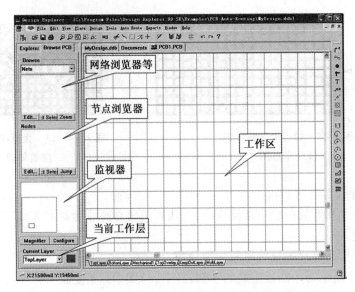

图 1－4－15　PCB 99SE 主界面

☆执行菜单 View→Fit Board 可以实现全板显示,用户可以快捷地查找线路。

☆执行菜单 View→Refresh 可以刷新画面,操作中造成的画面残缺可以消除。

☆执行菜单 View→Board in 3D 可以显示整个印制板的 3D 模型,一般在电路布局或布线完毕使用该功能观察元件的布局或布线是否合理。

2. PCB 99SE 坐标系

PCB 99SE 的工作区是一个二维坐标系,其绝对原点位于电路板图的左下角,一般在工作区的左下角附近设计印制板。

用户可以自定义新的坐标原点,执行菜单 Edit→Origin→Set,将光标移到要设置为新的坐标原点的位置,单击左键,即可设置新的坐标原点。执行菜单 Edit→Origin→Reset,可恢复到绝对坐标原点。

3. 单位制设置

PCB 99SE 有两种单位制,即 Imperial(英制)和 Metric(公制),执行 View→Toggle Units 可以实现英制和公制的切换。

单位制的设置也可以执行菜单 Design→Options,在弹出的对话框中选中 Options 选项卡,在 Measurement Units 中选择所用的单位制。

4. 浏览器使用

执行菜单 View→Design Manager 打开管理器,选中 Browse PCB 选项打开浏览器,在浏览器的 Browse 下拉列表框中可以选择浏览器类型,常用的如下。

(1)Nets。网络浏览器,显示板上所有网络名。如图 1－4－16 所示,在此框中选中某个网络,单击 Edit 按钮可以编辑该网络属性;单击 Select 按钮可以选中网络,单击 Zoom 按钮则放大显示所选取的网络,同时在节点浏览器中显示此网络的所有节点。

选择某个节点,单击此栏下的 Edit 按钮可以编辑当前焊盘属性;单击 Jump 按钮可以将光标跳跃到当前节点上,一般在印制板比较大时,可以用它查找元件。

在节点浏览器的下方,还有一个微型监视器屏幕,如图 1－4－16 所示,在监视器中,虚

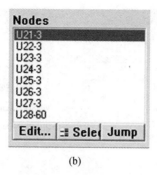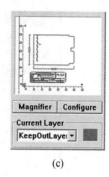

图1-4-16　浏览器使用

(a)网络浏览器；(b)节点浏览器；(c)监视器

线框为当前工作区所显示的范围,此时在监视器上显示出所选择的网络,若按下监视器下的 Magnifier 按钮,光标变成了放大镜形状,将光标在工作区中移动,便可在监视器中放大显示光标所在的工作区域。在监视器的下方,有一个 Current Layer 下拉列表框,可用于选择当前工作层,在被选中的层边上会显示该层的颜色。

（2）Component。元件浏览器,显示当前电路板图中的所有元件名称和选中元件的所有焊盘。

（3）Libraries。元件库浏览器,在放置元件时,必须使用元件库浏览器,这样才会显示元件的封装名。

（4）Violations。选取此项设置为违规错误浏览器,可以查看当前 PCB 上的违规信息。

（5）Rules。选取此项设置为设计规则浏览器,可以查看并修改设计规则。

4.3.3　工作环境设置

1.设置栅格

执行菜单 Design→Options,在出现的对话框中选中 Options 选项卡,出现图1-4-17所示的对话框。

Options 选项卡主要设置元件移动栅格（Component）、捕获栅格（Snap）、电气栅格（Electrical Grid）、可视栅格样式（Visible Kind）和单位制（Measurement Unit）；Layers 选项卡中可以设置可视栅格（Visible Grid）。

（1）捕获栅格设置。捕获栅格的设置在 Options 选项卡中,主要有：Component X(Y),设置元件在 X(Y)方向上的位移量；Snap X(Y),设置光标在 X(Y)方向上的位移量。

（2）电气栅格设置。必须选中 Enable 复选框,再设置电气栅格间距。

（3）可视栅格样式设置。有 Dots(点状)和 Lines(线状)两种。

（4）可视栅格设置。可视栅格的设置在 Layers 选项卡中,主要有 Visible Grid 1:第一组可视栅格间距,这组可视栅格只有在工作区放大到一定程度时才会显示,一般比第二组可视栅格间距小；Visible Grid 2:第二组可视栅格间距,进入 PCB 编辑器时看到的栅格是第二组可视栅格。

2.设置工作参数

执行 Tools→Preferences,打开工作参数设置对话框,如图1-4-18所示。

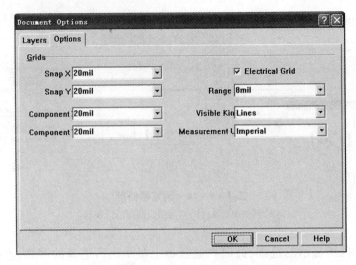

图 1 – 4 – 17　栅格设置

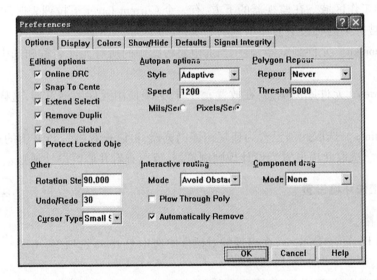

图 1 – 4 – 18　工作参数设置

（1）Options 选项卡

此选项卡的主要内容如下。

☆Rotation Step：设置按空格键时，图件旋转的角度。

☆Cursor Type：设置光标显示的形状。通常为了准确定位，选择大十字（Large 90）。

☆Autopan Options：自动滚屏设置，一般设置为 Disable。

☆Component Drag：设置拖动元件时是否拖动元件所连的铜膜线，选中 None 只拖动元件本身；选中 Connected Tracks 则拖动元件时，连接在该元件上的导线也随之移动。

（2）Display 选项卡

此选项卡用于设置显示状态。其中 Pad Nets 置显示焊盘的网络名，Pad Numbers 显示焊盘号，Via Nets 显示过孔的网络名。

（3）Show/Hide 选项卡

此选项卡用于设置各种图件的显示模式,其中共有 10 个图件,这 10 种图件均有三种显示模式:Final(精细显示)、Draft(草图显示)和 Hidden(不显示),一般设置为 Final。

4.4　印制电路板的工作层面

4.4.1　工作层的类型

在 Protel 99SE 中进行印刷电路板设计时,系统提供了多个工作层面,主要层面类型如下。

（1）信号层(Signal Layers)。信号层主要用于放置与信号有关的电气元素,共有 32 个信号层。其中顶层(Top Layer)和底层(Bottom Layer)可以放置元件和铜膜导线,其余 30 个为中间信号层(Mid Layer 1 ~ 30),只能布设铜膜导线,置于信号层上的元件焊盘和铜膜导线代表了电路板上的敷铜区。

（2）内部电源/接地层(Internal plane layers)。共有 16 个电源/接地层(Plane 1 ~ 16),主要用于布设电源线及地线,可以给内部电源/接地层命名一个网络名,在设计过程中 PCB编辑器能自动将同一网络上的焊盘连接到该层上。

（3）机械层(Mechanical Layers)。共有 16 个机械层(Mech 1 ~ 16),一般用于设置印制板的物理尺寸、数据标记、装配说明及其他机械信息。

（4）丝印层(Silkscreen Layers)。主要用于放置元件的外形轮廓、元件标号和元件注释等信息,包括顶层丝印层(Top Overlay)和底层丝印层(Bottom Overlay)两种。

（5）阻焊层(Solder Mask Layers)。阻焊层是负性的,放置其上的焊盘和元件代表电路板上未敷铜的区域,分为顶层阻焊层和底层阻焊层。

（6）锡膏防护层(Paste Mask Layers)。主要用于 SMD 元件的安装,锡膏防护层是负性的,放置其上的焊盘和元件代表电路板上未敷铜的区域,分为顶层防锡膏层和底层防锡膏层。

（7）钻孔层(Drill Layers)。钻孔层提供制造过程的钻孔信息,包括钻孔指示图(Drill Guide)和钻孔图(Drill Drawing)。

（8）禁止布线层(Keep Out Layer)。禁止布线层定义放置元件和布线区域范围,一般禁止布线区域必须是一个封闭区域。

（9）多层(Multi Layer)。用于放置电路板上所有的穿透式焊盘和过孔。

4.4.2　设置工作层

在 Protel 99SE 中,系统默认打开的信号层仅有顶层和底层,在实际设计时应根据需要自行定义工作层的数目。

（1）定义信号层、内部电源层/接地层的数目

执行 Design→Layer Stack Manager,屏幕弹出图 1 - 4 - 19 所示的 Layer Stack Manager(工作层面管理)对话框。

选中图中的 Top Layer,单击右上角的【Add Layer】按钮可在顶层之下添加中间层 Mid

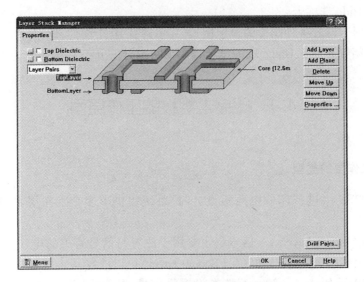

图 1 - 4 - 19　工作层面管理对话框

Layer,共可添加 30 层;单击右上角的【Add Plane】按钮可添加内部电源/接地层,共可添加 16 层。

图 1 - 4 - 20 所示为设置了 2 个中间层,1 个内部电源/接地层的工作层面图。如果要删除某层,可以先选中该层,然后单击图中【Delete】按钮;单击【Move Up】按钮或【Move Down】按钮可以调节工作层面的上下关系。

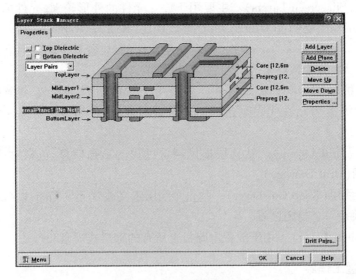

图 1 - 4 - 20　定义工作层

选中某个工作层,单击【Properties】按钮,可以改变该工作层面的名称(Name)和敷铜的厚度(Copper thickness)。

(2)定义机械层的显示数目

执行菜单 Design→Mechanical Layers,屏幕弹出 Setup Mechanical Layers(机械层设置)对话框,如图 1 - 4 - 21 所示。

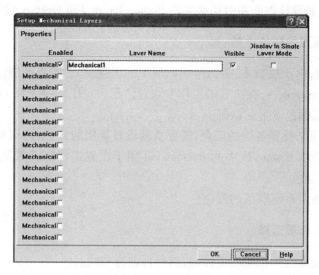

图 1 - 4 - 21　机械层设置

单击某个机械层后的复选框选中该层,图中选中的是 Mechanical Layer1。

设置完信号层、内部电源/接地层和机械层后,执行菜单 Design→Options,选中 Layers 选项卡,选中的层将出现在工作层设置对话框中,如图 1 - 4 - 22 所示。

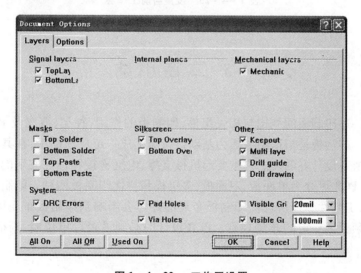

图 1 - 4 - 22　工作层设置

(3)打开或关闭工作层

图 1 - 4 - 22 所示的工作层设置对话框中可以设置打开或关闭某个工作层,只需选中工作层前的复选框,即可打开对应的工作层。对话框左下角三个按钮的作用是:【All On】打开所有的层,【All Off】关闭所有的层,【Used On】只打开当前文件中正在使用的层。

选中 DRC Errors 将违反设计规则的图件显示为高亮度;选中 Connections 显示网络飞线;选中 Pad Holes 显示焊盘的钻孔;选中 Via Holes 显示过孔的钻孔。

一般情况下,Keep Out Layer、Multi Layer 必须设置为打开状态,其他各层根据所要设计

PCB 的层数设置。如设计单面板时还必须将 Bottom Layer、Top Overlay 设置为打开状态。

4.4.3 工作层显示颜色设置

在 PCB 设计中,由于层数多,为区分不同层上的铜膜线,必须将各层设置为不同颜色。

执行 Tools→Preferences,在出现的工作参数对话框中(图 1 - 4 - 18)单击其中的 Colors 选项卡,弹出工作层颜色设置对话框。

Colors 选项卡用来设置各层的颜色,需要重新设置某层的颜色,可以单击该层名称右边的色块方框进行修改。System 区中的 Background 用于设置工作区背景颜色;Connections 用于设置网络飞线的颜色。

一般情况下,使用系统默认的颜色。

4.4.4 当前工作层选择

在布线时,必须先选择相应的工作层,然后再进行布线。

设置当前工作层可以用鼠标左键单击工作区下方工作层标签栏上的某一个工作层实现,如图 1 - 4 - 23 所示,图中选中的工作层为 TopLayer。

TopLayer / BottomLayer / Mechanical1 / TopOverlay / KeepOutLayer / MultiLayer

图 1 - 4 - 23 设置当前工作层

4.5 本章小结

本章主要讲述印制板的结构与相关组件,印制板的作用、种类、概念及 PCB 99SE 的基本操作和设置。印制板是指以绝缘板为基础材料加工成一定尺寸的板,在其上面至少有一个导电图形和所有设计好的孔。它主要起机械支撑、电气连接和标注文字的作用。按印制板的结构划分,PCB 可分为单面板、双面板、多层板和挠性印制板四种。印制板在设计时要考虑其可靠性、工艺性和经济性。印制板布局的好坏会影响到印制板布通率和电气性能,印制板布局必须遵循一定的布局规则。PCB 设计时必须设置好单位制、栅格尺寸、工作层面等。

第 5 章　手工设计 PCB

5.1　手工设计步骤

手工设计 PCB 是用户直接在 PCB 软件中根据原理图进行手工放置元件、焊盘、过孔等，并进行线路连接的操作过程，手工设计的一般步骤如下。

（1）规划印制电路板。

（2）放置元件、焊盘、过孔等图件。

（3）元件布局。

（4）手工布线。

（5）电路调整。

（6）输出 PCB。

以下采用阻容耦合放大电路为例介绍手工布线方法，电路样图如图 1 - 5 - 1 所示。

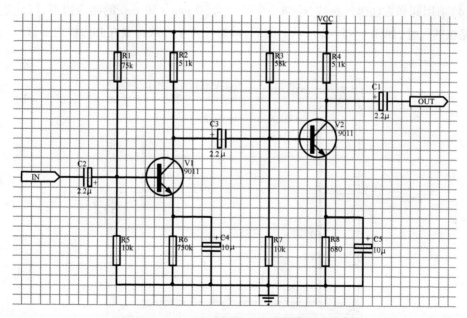

图 1 - 5 - 1　阻容耦合放大器

5.2　规划印制板

在 PCB 设计中，首先要规划印制板，即定义印制板的机械轮廓和电气轮廓。

印制板的机械轮廓是指电路板的物理外形和尺寸，需要根据公司和制造商的要求进行相应的规划，机械轮廓定义在 4 个机械层上，比较合理的规划机械层的方法是在一个机械层上绘制电路板的物理轮廓，而在其他的机械层上放置物理尺寸、队列标记和标题信息等。

印制板的电气轮廓是指电路板上放置元件和布线的范围，电气轮廓一般定义在禁止布线层上，是一个封闭的区域。

通常在一般的电路设计中仅规划 PCB 的电气轮廓，本例中采用公制规划，具体步骤如下：

（1）执行 View→Toggle Units，设置单位制为公制（Metric）。

（2）在工作层设置中选中 Keep Out Layer 复选框，然后用鼠标单击工作区下方标签中的 `TopOverlay KeepOutLayer MultiLayer`，将当前工作层设置为 Keep Out Layer。

（3）执行菜单 Place→Line 放置连线，一般规划印制板从工作区的左下角开始。将光标移到工作区的某一点，如坐标（10，10）处，单击鼠标左键，确定第一条边的起点，将光标移到另一点，如坐标（60，10），再次单击鼠标左键，定下连线终点，从而定下第一条边线。

（4）采用同样方法继续画线，绘制一个尺寸为 50 mm × 50 mm 的闭合边框，以此边框作为电路板的尺寸，如图 1 − 5 − 2 所示。此后，放置元件和布线都要在此边框内部进行。

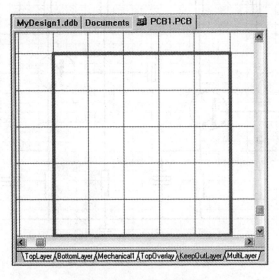

图 1 − 5 − 2　规划印制板

5.3　装载元件库

在进行 PCB 设计时,必须先设置好元件所在的元件库,然后才能在相应元件库中放置元件。

1. 设置元件库

在设计管理器中选中 Browse PCB 选项,在 Browse 下拉列表框中选择 Libraries,将其设置为元件库浏览器。单击 Libraries 栏下方的 Add/Remove 按钮,出现添加/删除库对话框,在对话框中找到所需的库文件,单击 Add 按钮装载库文件,单击 OK 按钮完成操作。这时,元件浏览器中将出现已加入的库文件。

PCB 99SE 中,印制板库文件位于 Design Explorer 99 SE\Library\Pcb 目录下,常用的印制板库文件是 Generic Footprint 文件夹中的 Advpcb. ddb,本例中的元件均在该库中。

元件也可以自行设计,调用自行设计的元件时必须装载自定义的元件库。

2. 浏览元件图形

打开了某个库文件后,元件库浏览器的 Libraries 栏内将出现其库中的元件库名,在 Components 栏中显示此元件库中所有元件的封装名称。选中某个封装,下方的监视器中将出现此元件封装图,如图 1 - 5 - 3 所示。

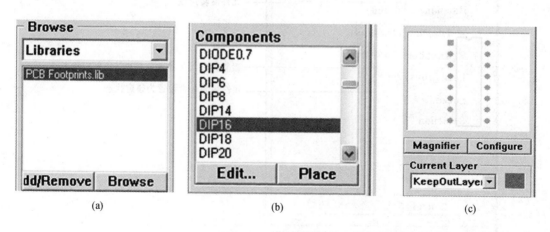

图 1 - 5 - 3　浏览元件

(a)元件库浏览器;(b) 浏览器封装名;(c)元件封装图

若觉得监视器太小,可单击元件库浏览器右下角的 Browse 按钮,屏幕弹出元件浏览窗口,进行元件浏览,从中可以获得元件的封装图,窗口右下角的三个按钮可用来调节图形显示的大小。

5.4　放 置 元 件

1. 从元件库中直接放置

从元件浏览器中选中元件后,单击右下角的 Place 按钮,光标便会跳到工作区中,同时还带着该元件封装,将光标移到合适位置后,单击鼠标左键,放置该元件。

双击元件,屏幕弹出图 1 - 5 - 4 所示的元件属性对话框,可以修改元件属性。

此对话框共有 Properties,Designator,Comment 三个选项卡,用于设置元件的标号、注释文字(标称值或型号)、元件封装所在层、元件封装是否锁定状态,注释文字的字体、大小、所在层等。若按下 Global > > 按钮,可以进行全局修改,方法与 SCH 99SE 中的全局修改相同。

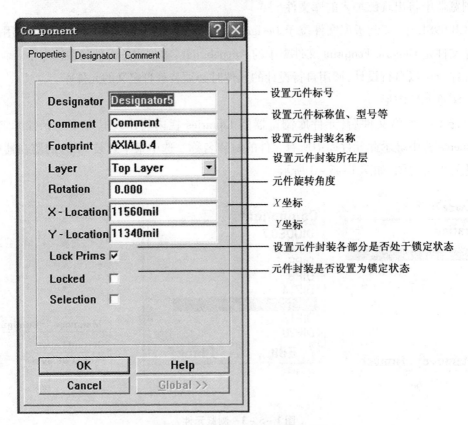

图 1 - 5 - 4　元件封装属性对话框

2. 通过菜单或相应按钮放置元件

执行菜单 Place→Component 或单击放置工具栏上按钮 ▥ ,屏幕弹出放置元件对话框,如图 1 - 5 - 5 所示,在 Footprint 栏中输入元件封装名,如图 1 - 5 - 5 中的 AXIAL0.4(若不知道封装名,可以单击 Browse 按钮进行浏览);在 Designator1 栏中输入元件标号,如图中的 R1;在 Comment 栏中输入元件的标称值或型号,如图 1 - 5 - 5 中的 10 k。参数设置完毕,单击 OK 按钮放置元件。放置元件后,系统提示继续放置,元件标号自动加 1(如 R2),此时可以继续放置元件,单击 Cancel 按钮退出放置状态。

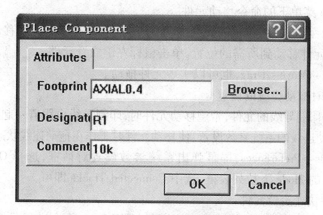

图 1 - 5 - 5　放置元件封对话框

在图 1 - 5 - 2 所示的禁止布线框中,根据原理图执行菜单 Place→Component,依次放置电阻 AXIAL0.4,电解电容 RB.2/.4 和三极管 TO - 5,如图 1 - 5 - 6 所示。

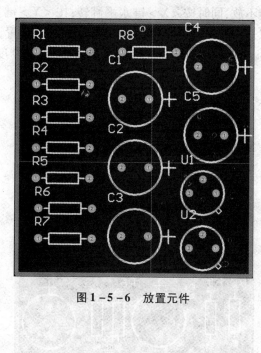

图 1 - 5 - 6　放置元件

5.5　元件手工布局

元件放置完毕,应当从机械结构、散热、电磁干扰及布线的方便性等方面综合考虑元件布局,在布局时除了要考虑元件的位置外,还必须调整好丝印层上文字符号的位置。

1. 手工移动元件

（1）用鼠标拖动

光标移到元件上,按住鼠标左键不放,将元件拖动到目标位置。这种方法对没有进行线路连接的元件比较方便。

（2）使用 Move 菜单下的命令移动元件

执行菜单 Edit→Move→Component，光标变为十字，移动光标到需要移动的元件处，单击该元件，即可将该元件移动到所需的位置，单击鼠标左键放置元件。

执行菜单 Edit→Move→Drag，也可以实现元件拖动。

（3）移动元件时拖动连线的设置

对于已连接好印制导线的元件，希望移动元件时，印制导线也跟着一起移动，则在进行移动前，必须进行拖动连线的系统参数设置，使移动元件时工作在拖动连线状态，设置方法如下：

执行菜单 Tools→Preferences，屏幕弹出系统参数设置对话框，选择 Options 选项卡，在 Component Drag 区的 Mode 下拉列表框，选中 Connected Tracks 即可。

（4）在 PCB 中快速定位元件

在 PCB 较大时，查找元件比较困难，此时可以采用 Jump 命令进行元件跳转。

执行菜单 Edit→Jump→Component，屏幕弹出一个对话框，在对话框中填入要查找的元件标号，单击 OK 按钮，光标跳转到指定元件上。

2. 旋转元件方向

选中元件，按住左键不放，同时按 <X> 键水平翻转；按 <Y> 键垂直翻转；按空格键进行旋转，旋转的角度可以通过执行菜单 Tools→Preferences 进行设置，在弹出的对话框中选中 Options 选项卡，在 Rotation Step 中设置旋转角度，系统默认为 90 度。图 1-5-7 所示为布局调整后的印制板图。

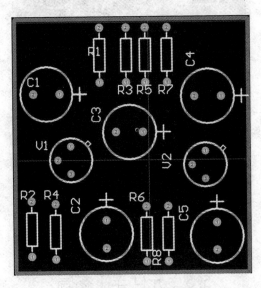

图 1-5-7　元件布局图

3. 元件标注的调整

元件布局调整后，往往元件标注的位置过于杂乱，尽管并不影响电路的正确性，但电路的可读性差，在电路装配或维修时不易识别元件，所以布局结束还必须对元件标注进行调整。元件标注文字一般要求排列要整齐，文字方向要一致，不能将元件的标注文字放在元件的框内或压在焊盘或过孔上。元件标注的调整采用移动和旋转的方式进行，与元件的操作相似；修改标注内容可直接双击该标注文字，在弹出的对话框中进行修改。

图 1 - 5 - 7 所示的元件布局图,图中元件的标注文字未调好,如标号 C2,C3,C4,C5,R8,V2 的文字方向与其他不同;标号 R1,C1 位于元件的框中,由于元件的标注文字在顶层丝印层上,标号将被元件覆盖。经过调整元件标注后的电路布局如图 1 - 5 - 8 所示。

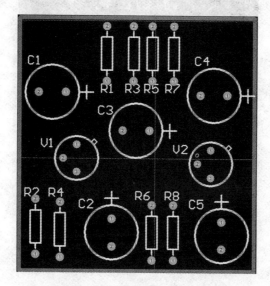

图 1 - 5 - 8　调整后的印制板布局

4. 3D 预览

Protel 99SE 提供有 3D 预览功能,可以在电脑上直接预览电路板的效果,根据预览的情况可以重新调整元件布局。执行 View→Board in 3D,或单击 🔲 按钮,对 PCB 进行 3D 预览,产生 3D 预览文件,在图形左边的设计管理器的 Display 区中,拖动视图小窗口的坐标轴可以任意旋转 3D 视图。图 1 - 5 - 9、图 1 - 5 - 10 分别对应为图 1 - 5 - 7、图 1 - 5 - 8 的 3D 视图,从图 1 - 5 - 9 中可以看出标号 C1 和 R1 被元件覆盖。

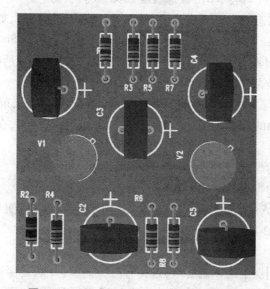

图 1 - 5 - 9　未调好标志文字的 3D 预览图

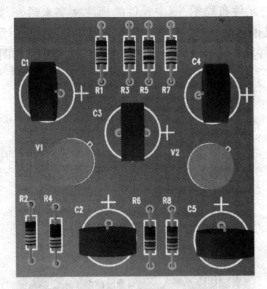

图 1 – 5 – 10　调好标志文字的 3D 预览图

5.6　放置焊盘、过孔

1. 放置焊盘

焊盘有穿透式的,也有仅放置在某一层面上的贴片式(主要用于表面封装元件),外形有圆形、正方形和正八边形等。

执行 Place→Pad 或单击放置工具栏上按钮 ◉,进入放置焊盘状态,移动光标到合适位置后,单击左键,放下一个焊盘,单击鼠标右键,退出放置状态。

在焊盘处于悬浮状态时,按 < Tab > 键,调出焊盘的属性对话框,如图 1 – 5 – 11 所示。

对话框中,Properties 选项卡主要设置焊盘形状(Shape)、大小(Size)、所在层(Layer)、编号(Designator)、孔径(Hole Size)等,Advanced 选项卡主要设置焊盘所在的网络、焊盘的电气类型及焊盘的钻孔壁是否要镀铜。一般自由焊盘的编号设置为 0。

在自动布线中,必须对独立焊盘进行网络设置,这样才能完成布线。设置网络的方法为:在图 1 – 5 – 11 所示的焊盘属性对话框中选中 Advanced 选项卡,在 Net 下拉列表框中选定所需的网络。

对于已经放置好的焊盘,双击焊盘也可以调出属性对话框。

用鼠标单击选中的焊盘,用鼠标左键点住控点,可以移动焊盘。

本例中,必须在输入端、输出端、电源端及接地端添加焊盘,以便与外部连接,放置焊盘后的电路如图 1 – 5 – 12 所示。

2. 放置过孔

过孔用于连接不同层上的印制导线,过孔有三种类型,分别是穿透式(Multi – layer)、隐藏式(Buried)和半隐藏式(Blind)。穿透式过孔导通底层和顶层,隐藏式导通相邻内部层,半隐藏式导通表面层与相邻的内部层。执行菜单 Place→Via 或单击放置工具栏上按钮 🔧,

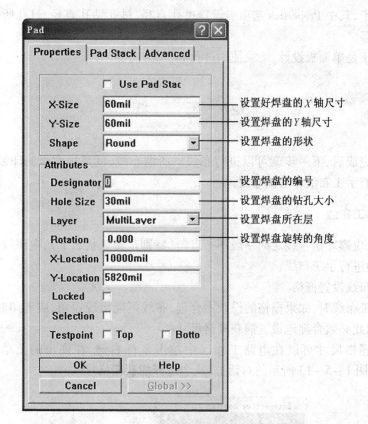

图 1 – 5 – 11　焊盘属性设置

图中文字标注（从上到下）：

- 设置好焊盘的 X 轴尺寸
- 设置焊盘的 Y 轴尺寸
- 设置焊盘的形状
- 设置焊盘的编号
- 设置焊盘的钻孔大小
- 设置焊盘所在层
- 设置焊盘旋转的角度

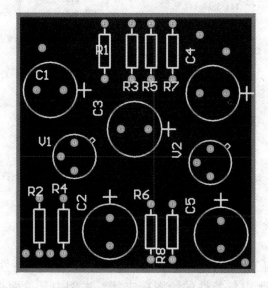

图 1 – 5 – 12　添加焊盘

进入放置过孔状态,移动光标到合适位置后,单击左键,放下一个过孔,此时仍处于放置过孔状态,可继续放置过孔。在放置过孔状态下,按 < Tab > 键,调出属性对话框。对话框中包括两个选项卡,其中 Properties 选项卡设置过孔直径、过孔钻孔直径、过孔所导通的层、过孔所在的网络等。

本例中由于是单面板设计,无须使用过孔。

5.7 布　线

元件布局完成后,下一步就可以进行布线。所谓布线,就是用实际的印制导线连接元件。布线方法有手工布线和自动布线两种。

5.7.1　手工布线

在布线时,应遵守信号线之间一般不布直角(特别是高频状态下),电源线、地线要加粗等原则,合理地进行手工布线。

1. 为手工布线设置栅格

在进行手工布线时,如果栅格的设置不合理,布线可能出现锐角,或者印制导线无法连接到焊盘上,因此必须合理地设置捕获栅格尺寸。

设置捕获栅格尺寸可以在电路工作区中单击鼠标右键,在弹出的菜单中选择 Snap Grid,屏幕弹出图 1 – 5 – 13 所示的对话框,从中选择捕获栅格尺寸。

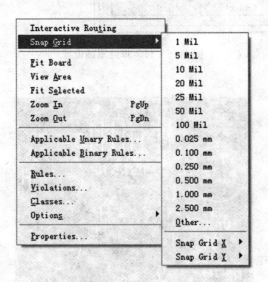

图 1 – 5 – 13　设置捕获栅格尺寸

2. 放置印制导线

导线可放置在任何工作层上,当放在信号层上时,具有电气特性,称为印制导线;当放置在其他层上时,代表无电气特性的绘图标志线。本例中是单面板,故布线层为 Bottom Layer(底层)。

单击小键盘上的 < * > 键,将工作层切换到 Bottom Layer。执行菜单 Place→Track 或单击放置工具栏上按钮 ,进入放置印制导线状态,将光标移到所需位置,单击鼠标左键,定下印制导线起点,移动光标,拉出一条线,到需要的位置后再次单击鼠标左键,即可定下一条印制导线。

在放置印制导线过程中,同时按下 < Shift > + 空格键,可以切换印制导线转折方式,共有六种,分别是 45 度转折、弧线转折、90 度转折、圆弧角转折、任意角度转折和 1/4 圆弧转折,如图 1 - 5 - 14 所示。

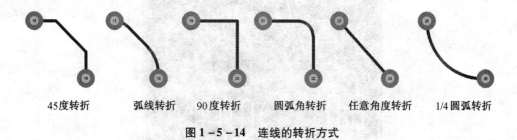

 45度转折 弧线转折 90度转折 圆弧角转折 任意角度转折 1/4圆弧转折

图 1 - 5 - 14　连线的转折方式

3. 设置手工布线的线宽

在手工放置印制导线时,系统默认的线宽是 10 mil,如果要修改铜膜的宽度,可以在放置铜膜的过程中按下 < Tab > 键,屏幕弹出线宽设置对话框,如图 1 - 5 - 15 所示,可以定义线宽和连线的工作层。

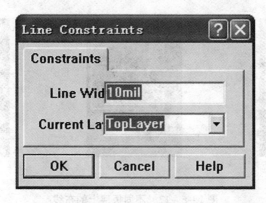

图 1 - 5 - 15　线宽设置

手工布线后的电路如图 1 - 5 - 16 所示,其中印制导线的线宽设置为 1.5 mm,焊盘的直径为 2 mm。

4. 不同板层上的布线

多层板中,在不同板层上的布线应采用垂直布线法,即一层采用水平布线,则相邻的另一层应采用垂直布线。在绘制电路板时,不同层之间铜膜线的连接依靠过孔(金属化孔)实现。

图 1 - 5 - 17 中,需要用导线连接元件焊盘 4 和自由焊盘 0,但在同一层上有一条导线阻挡,不能直接布通,在单面板中只能在顶层上设置一条短路线来连接,而在多层板中,导线可以依靠过孔,从另一层穿过去,具体步骤如下。

①在图示的 A 点单击按钮 ，放置一个过孔。

②连接元件焊盘 4 和过孔 A。

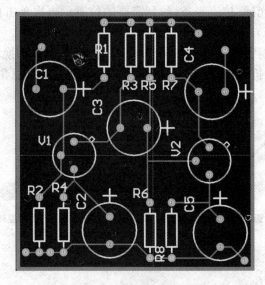

图 1 – 5 – 16　手工布线后的 PCB

③放置完过孔后,按 < ∗ > 键将工作层切换到底层(Bottom Layer),在 A 点和自由焊盘 0 之间放置一段印制导线,完成线路连接,如图 1 – 5 – 17 所示。

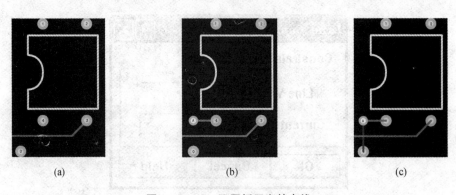

图 1 – 5 – 17　不同板层上的布线

(a)要连接的电路;(b)放置过孔;(c)完成布线

5. 编辑印制导线属性

双击 PCB 中的印制导线,屏幕弹出图 1 – 5 – 18 所示的印制导线属性对话框,可以修改印制导线的属性。其中:

Width 设置印制导线的线宽;

Layer 设置印制导线所在层,可在其中进行选择;

Net 用于选择印制导线所属的网络,在手工布线时,由于不存在网络,所以是 No Net(在自动布线中,由于装载了网络,可以在其中选择具体的网络名);

Locked 用于设置铜膜是否锁定。

单击 Global > > 按钮可以进行全局修改。

所有设置修改完毕,单击 OK 按钮结束。

在印制板设计中,一般地线和电源线要加宽一些,如图 1 – 5 – 19 所示。

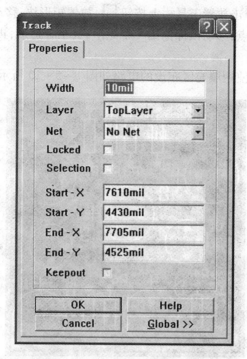

图 1 – 5 – 18　铜膜线属性对话框

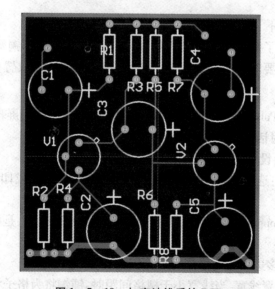

图 1 – 5 – 19　加宽地线后的 PCB

6. 放置填充块

在印制板设计中,为提高系统的抗干扰性,通常需要设置大面积的电源/地线区域,这可以用填充区来实现。填充方式有矩形和多边形两种,它们都可以设置连接到指定的网络上。

填充块可以放置于任何层上,若放置在信号层上,它代表一块铜箔,具有电气特性,经常在地线中使用;若放置在非信号层上,代表不具有电气特性的标志块。

执行 Place→Fill 或单击放置工具栏上按钮▢,放置矩形块,移动光标到合适位置后,单击左键,定下矩形块的起点,移动鼠标拖出一个矩形,大小合适后,再单击左键,放下一个矩形块。

本例中,将地线改为使用填充区布设的电路如图 1-5-20 所示。

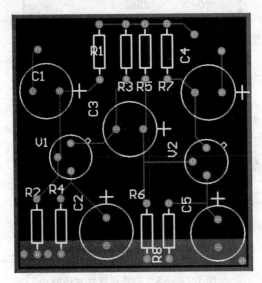

图 1-5-20　使用填充区做地线

7. 放置多边形铺铜

在高频电路中,为了提高 PCB 的抗干扰能力,通常使用大面积铜箔进行屏蔽,为保证大面积铜箔的散热,一般要对铜箔进行开槽,实际使用中可以通过放置多边形铺铜解决开槽问题。

执行菜单 Place→Polygon Plane 或单击放置工具栏上按钮◪,屏幕弹出图 1-5-21 所示的放置多边形铺铜对话框,框中各项参数含义如下。

☆Connect To Net:设置铺铜连接的网络,通常与地线连接。

☆Pour Over Same:选取此项,设置当遇到相同网络的焊盘或印制导线时,直接覆盖过去。

☆Remove Dead Copper:选取此项,则将删除死铜。所谓死铜,是指与任何网络不相连的铜膜。

☆Grid Size:设置多边形的栅格点间距,决定铺铜密度。

☆Track Width:设置线宽,当线宽小于栅格间距时,铺铜将为格子状,否则为整片铺铜。

☆Layer:设置铺铜所在层。

☆90 - Degree Hatch:采用 90°印制导线铺铜。

☆45 - Degree Hatch:采用 45°印制导线铺铜。

☆Vertical Hatch:采用垂直的印制导线铺铜。

☆Horizontal Hatch:采用水平的印制导线铺铜。

☆No Hatch:采用中空方式铺铜。

☆Surround Pads With:设置铺铜包围焊盘的形式为圆弧形(Arc)或正八边形(Octagon)。

☆Minimum Primitives Size：设置印制导线的最短限制。

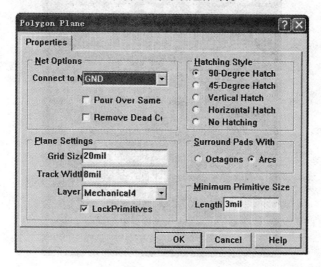

图 1 – 5 – 21　铺铜属性对话框

属性对话框设置完后，单击 OK 按钮结束，用鼠标定义一个封闭区域，程序自动在此区域内铺铜，图 1 – 5 – 22 所示为几种类型的铺铜。

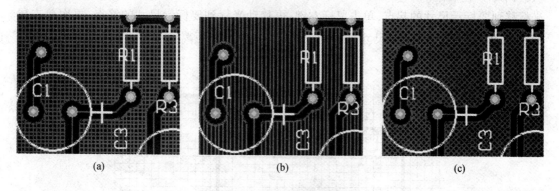

(a)　　　　　　　　　　(b)　　　　　　　　　　(c)

图 1 – 5 – 22　常用铺铜形式

（a）圆弧形包围 90°铜膜线铺铜；（b）垂直的铜膜线铺铜；（c）正八边形包围 45°铜膜线铺铜

本例中，若电路工作在高频状态，可以在 PCB 上加入铺铜，并与地线相连，这样可以提高抗干扰能力，如图 1 – 5 – 23 所示。

8. 删除印制导线

在布线过程中，如果发现某段印制导线放置错误，可以用鼠标单击该印制导线，然后按下键盘上的 < Delete > 键删除印制导线。

如果想连续删除多个图件，可以执行菜单 Edit→Delete，屏幕出现十字光标，将光标移动到要删除的图件上，单击鼠标左键删除当前图件，单击右键退出删除状态。

5.7.2　布线中的其他常用操作

1. 放置尺寸标注

在 PCB 设计时，出于方便制板过程的考虑，通常要标注某些尺寸的大小，一般尺寸标注

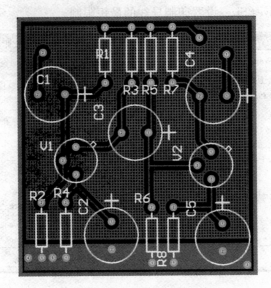

图 1－5－23   加入铺铜后的 PCB

放置在丝印层上,不具备电气特性。

执行菜单 Place→Dimension 或单击放置工具栏上按钮 ，进入放置尺寸标注状态,将光标移到要标示尺寸的起点,单击鼠标左键,再移动光标到要标示尺寸的终点,再次单击鼠标左键,即完成了两点之间尺寸标示的放置,而两点之间距离由程序自动计算得出,如图 1－5－24 所示。

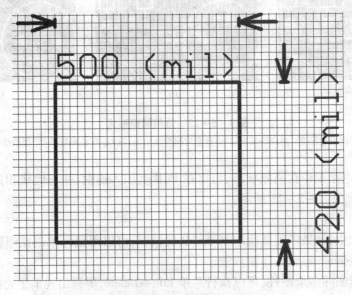

图 1－5－24   放置尺寸标注

2.放置字符串

字符串一般作为电路的文字说明,最长为 255 个字符,高度 0.01 ~ 10 000 mil。

执行菜单 Place→String 或单击放置工具栏上按钮 **T**,进入放置字符串状态,光标上带着字符 String,按下 < Tab > 键,出现属性对话框,框中各项主要参数含义如下。

☆Text:设置字符串的内容;

☆Height:设置字符串的高度;

☆Width:设置字符串笔画的粗细;

☆Font:设置字符串的字体,有三种选择,Default、Serif 和 Sans Serif;

☆Mirror:设置字符串是否镜像翻转。

在对话框中设置好各项参数、输入字符串后单击 OK 按钮,移动光标至合适位置后,单击左键放下字符串。

放置在信号层上的字符串在制板时也以铜箔出现,故放置时应注意不能与同层上的印制导线相连,而在丝印层上的字符串只是一种说明文字,以丝印状态出现。

5.8　印制板输出

印制板绘制好后,就可以输出电路板图,输出电路板图可以采用 Gerber 文件、绘图仪或一般打印机,采用前两种方法输出,精密度很高,但需要有价格昂贵的设备;采用打印机输出,精密度较差,但价格低,打印方便。下面介绍采用打印机输出的方法。

5.8.1　打印预览

在 PCB 99SE 中打印前必须先进行打印预览。执行菜单 File→Printer/Preview,屏幕产生一个预览文件,在设计管理器中的 PCB 打印浏览器中显示该预览 PCB 文件中的工作层名称,如图 1 – 5 – 25 所示。

图中 PCB 预览窗口显示输出的 PCB 图;PCB 打印预览器中显示当前输出的工作面,输出的工作面可以自行设置。

5.8.2　打印设置

进入打印预览后,执行菜单 File→Setup Printer 进行打印设置,屏幕弹出图 1 – 5 – 26 所示的打印设置对话框。

☆图中 Printer 下拉列表框中,可以选择打印机;

☆在 PCB Filename 框中显示要打印的文件名;

☆在 Orientation 选择框中设置打印方向,包括纵向和横向;

☆Print What 下拉列表框中可以选择打印的对象,包括标准打印、全板打印和打印显示区;

☆Margins 区设置页边距;

☆Print Scale 栏中设置打印比例。

单击 OK 按钮完成打印设置。

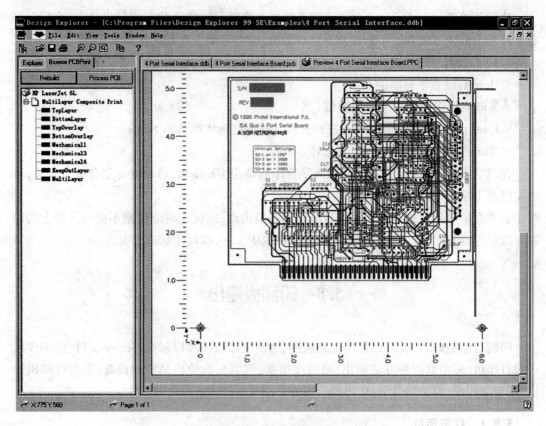

图 1 – 5 – 25　打印预览

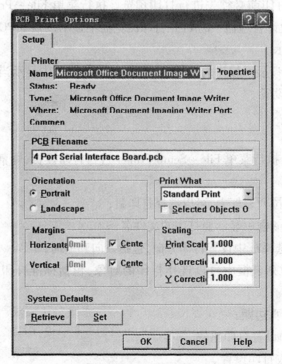

图 1 – 5 – 26　打印设置

5.8.3 打印输出

设置好打印机后就可以输出电路图,其中输出的工作层面可以根据需要设置。

1. 打印输出层面设置

在输出电路过程中,往往要选择输出某些层面,以便进行设计检查,在 PCB 99SE 中可以自行定义输出的工作层面。

在 PCB 打印浏览器中单击鼠标右键,屏幕弹出图 1-5-27 所示的打印层面设置菜单,选择 Insert Printout。

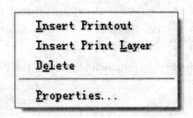

图 1-5-27 设置打印层面

屏幕弹出图 1-5-28 所示的输出文件设置对话框,其中:

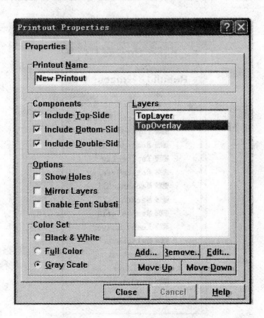

图 1-5-28 打印层面设置

☆Printout Name 用于设置输出文件名;

☆Components 用于设置输出的元件面;

☆Layers 用于设置输出的工作层面,单击 Add 按钮,屏幕弹出图 1-5-29 所示对话框,可以设置输出层面。

在输出层面设置中可以添加打印输出的层面和各种图件的打印效果,设置完毕单击 OK 按钮,返回图 1-5-28 所示的界面,单击 Close 按钮结束设置,在 PCB 打印浏览器中产

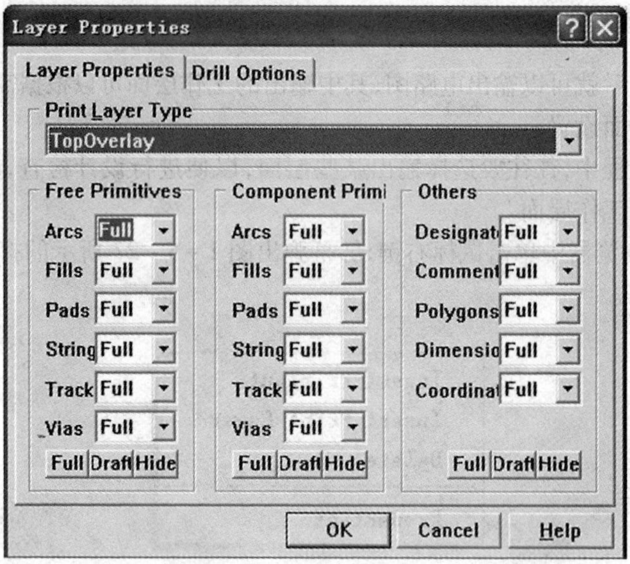

图 1 - 5 - 29   输出层面设置

生新的打印预览文件,如图 1 - 5 - 30 所示。从图中可以看出新设定的输出层面为 Top Layer 和 Top Overlay。

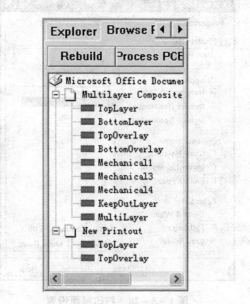

图 1 - 5 - 30   打印预览文件

选中图 1 - 5 - 30 中的工作层,单击鼠标右键,在弹出的对话框中选择 Insert Print Layer,可直接进入图 1 - 5 - 29 所示的添加输出层面设置对话框,进行输出层面设置。

选中图 1 - 5 - 30 中的工作层,单击鼠标右键,在弹出的对话框中选择 Delete,可以删除当前输出层面。

选中图 1 - 5 - 30 中的工作层,单击鼠标右键,在弹出的对话框中选择 Properties,可修改当前输出层面的设置。

2. 打印输出

设置输出层面后就可以打印电路图,输出的方式有 4 种:

☆ 执行 File→Print All 打印所有图形;

☆ 执行 File→Print Job 打印操作对象;

☆ 执行 File→Print Page 打印指定的页面;

☆ 执行 File→Print Current,打印当前页。

5.9　本 章 小 结

印制板手工设计一般要经过规划印制电路板,放置元件、焊盘、过孔等图件,元件布局,手工布线,电路调整,输出 PCB 等几个过程。

规划印制板时,要定义印制板的机械轮廓和电气轮廓,普通的电路设计中仅规划电气轮廓。

印制板手工布局或布线完毕,可以使用 3D 功能观察布局、布线的效果。

在 PCB 布线中,可以采用填充区加宽电源和地线,采用接地的铺铜进行屏蔽。

不同板层上的布线可以通过过孔进行转换。

设计完的印制板可以通过打印机或绘图仪输出 PCB 图。

第 6 章　PCB 元件设计

6.1　绘制元件封装的准备工作

在开始绘制封装之前,首先要做的准备工作是收集元器件的封装信息。封装信息主要来源于元器件生产厂家提供的用户手册。若没有所需元器件的用户手册,可以上网查找元器件信息,一般通过访问元件厂商或供应商的网站可以获得相应信息。在查找中也可以通过搜索引擎进行,如 www. google. com 或 www. 21ic. com 等。

如果有些元件找不到相关资料,则只能依靠实际测量,一般要配备游标卡尺,测量时要准确,特别是集成块的管脚间距。

元件封装设计时还必须注意元器件的轮廓设计,元器件的外形轮廓一般放在 PCB 的丝印层上,要求要与实际元器件的轮廓大小一致。如果元件的外形轮廓画得太大,浪费了 PCB 的空间;如果画得太小,元件可能无法安装。

6.2　PCB 元件设计基本界面

在 PCB 99SE 中,执行菜单 File→New,在出现的对话框中单击文件名 PCB. lib 的文件,进入 PCB 元件库编辑器,并自动新建一个元件库 PCBLIB1. LIB,如图 1－6－1 所示。

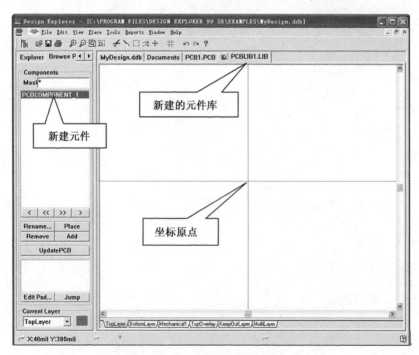

图 1－6－1　PCB 元件设计窗口

1. 新建元件库

进入 PCB 元件库编辑器后,系统自动新建一个元件库,该元件库的缺省文件名为 PCBLIB1,库文件名可以修改。同时,在元件库中,程序已经自动新建了一个名为 PCBCOMPONENT_1 的元件。

2. 元件库管理器

PCB 元件库编辑器中的元件库管理器与原理图库元件管理器类似,在设计管理器中选中 Browse PCBLib 可以打开元件库管理器,在元件库管理器中可以对元件进行编辑操作,元件管理器如图 1 – 6 – 2 所示。

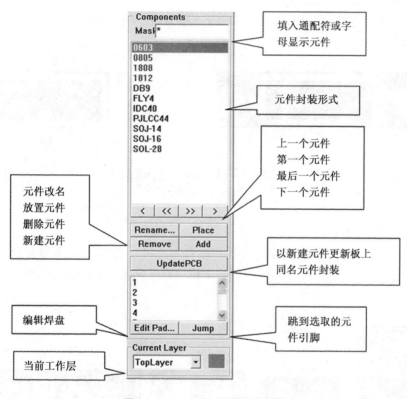

图 1 – 6 – 2　PCB 元件库管理器

6.3　采用设计向导方式设计元件封装

6.3.1　常用的元件标准封装

Protel 99SE 的封装设计向导可以设计常见的标准封装,主要有以下几类。

(1)Resistors(电阻)

电阻只有两个管脚,有插针式和贴片式两种封装。由于电阻功率的不同,所以电阻的体积大小不同,对应的封装尺寸也不同。插针式电阻的命名一般以"AXIAL"开头;贴片式电阻的命名可自由定义。图 1 – 6 – 3 所示为两种类型的电阻封装。

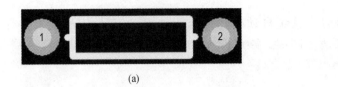
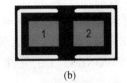

图 1 - 6 - 3　电阻封装图

（a）插针式；（b）贴片式

（2）Diodes（二极管）

二极管的封装与电阻类似,不同之处在于二极管有正负极的分别。图 1 - 6 - 4 所示为二极管的封装。

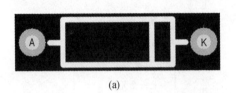
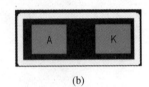

图 1 - 6 - 4　二极管封装图

（a）插针式；（b）贴片式

（3）Capacitors（电容）

电容一般只有两个管脚,通常分为电解电容和无极性电容两种,封装形式也有插针式封装和贴片式封装两种。一般而言,电容的体积与耐压值和容量成正比。图 1 - 6 - 5 所示为电容封装。

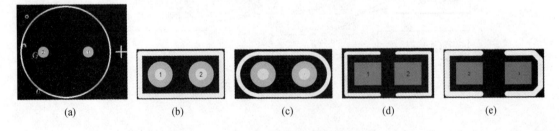

图 1 - 6 - 5　电容封装图

（a）极性插针式；（b）无极性插针式；（c）无极性插针式；（d）无极性贴片式；（e）极性贴片式

（4）DIP（双列直插式封装）

DIP 为目前常见的 IC 封装形式,制作时应注意管脚数、同一列管脚的间距及两排管脚间的间距等。图 1 - 6 - 6 所示为 DIP 封装图。

（5）SOP（双列贴片式封装）

SOP 是一种贴片的双列封装形式,几乎每一种 DIP 封装的芯片均有对应的 SOP 封装,与 DIP 封装相比,SOP 封装的芯片体积大大减少。图 1 - 6 - 7 所示为 SOP 封装图。

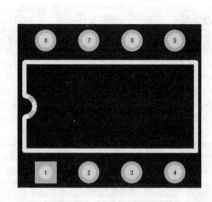

图 1 - 6 - 6　DIP 封装图

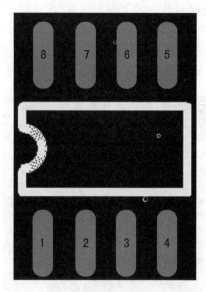

图 1 - 6 - 7　SOP 封装图

（6）PGA（引脚栅格阵列封装）

PGA 是一种传统的封装形式,其引脚从芯片底部垂直引出,且整齐地分布在芯片四周,早期的 80X86CPU 均是这种封装形式。图 1 - 6 - 8 所示为 PGA 封装图。

（7）SPGA（错列引脚栅格阵列封装）

SPGA 与 PGA 封装相似,区别在其引脚排列方式为错开排列,利于引脚出线,如图 1 - 6 - 9 所示。

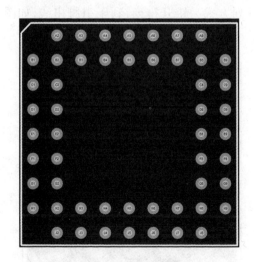

图 1 - 6 - 8　PGA 封装图

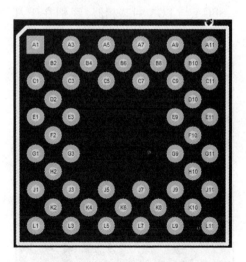

图 1 - 6 - 9　SPGA 封装图

（8）LCC（无引出脚芯片封装）

LCC 是一种贴片式封装,这种封装的芯片的引脚在芯片的底部向内弯曲,紧贴于芯片体,从芯片顶部看下去,几乎看不到引脚,如图 1 - 6 - 10 所示。

这种封装方式节省了制板空间,但焊接困难,需要采用回流焊工艺,要使用专用设备。

(9)QUAD(方形贴片封装)

QUAD 为方形贴片封装,与 LCC 封装类似,但引脚没有向内弯曲,而是向外伸展,焊接方便。QUAD 封装包括 QFG 系列,如图 1 – 6 – 11 所示。

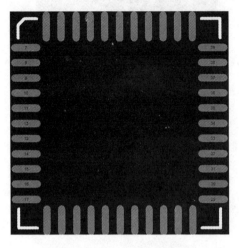

图 1 – 6 – 10　LCC 封装图

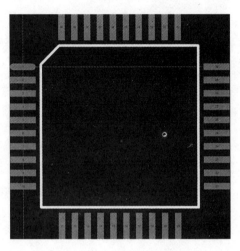

图 1 – 6 – 11　QUAD 封装图

(10)BGA(球形栅格阵列封装)

BGA 为球形栅格阵列封装,与 PGA 类似,主要区别在于这种封装中的引脚只是一个焊锡球状,焊接时熔化在焊盘上,无需打孔,如图 1 – 6 – 12 所示。

(11)SBGA(错列球形栅格阵列封装)

SBGA 与 BGA 封装相似,区别在于其引脚排列方式为错开排列,利于引脚出线,如图 1 – 6 – 13 所示。

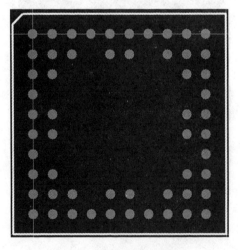

图 1 – 6 – 12　BGA 封装图

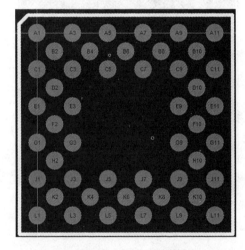

图 1 – 6 – 13　SBGA 封装图

(12)Edge Connectors(边沿连接)

Edge Connectors 为边沿连接封装,是接插件的一种,常用于两块板之间的连接,便于一体化设计,如计算机中的 PCI 接口板。其封装如图 1 – 6 – 14 所示。

图 1 – 6 – 14　Edge Connectors 封装

6.3.2　使用设计向导绘制元件封装实例

采用设计向导绘制元件一般针对符合通用的标准元件。下面以设计双列直插式 16 脚 IC 的封装 DIP16 为例介绍采用向导方式设计元件。

(1)进入元件库编辑器后,执行菜单 Tools→New Component 新建元件,屏幕弹出元件设计向导,如图 1 – 6 – 15 所示,选择 Next 进入设计向导(若选择 Cancel 则进入手工设计状态)。

图 1 – 6 – 15　利用向导创建元件

(2)单击 Next 按钮,进入元件设计向导,屏幕弹出图 1 – 6 – 16 所示的对话框,用于设定元件的基本封装,共有 12 种供选择,包括电阻、电容、二极管、连接器及常用的集成电路封装等,图中选中的为双列直插式元件 DIP,对话框下方的下拉列表框用于设置使用的单位制。

(3)选中元件的基本封装后,单击 Next 按钮,屏幕弹出图 1 – 6 – 17 所示的对话框,用于设定焊盘的直径和孔径,可直接修改图中的尺寸。

(4)设定好焊盘的直径和孔径之后,单击 Next 按钮,屏幕弹出图 1 – 6 – 18 所示的对话框,用于设定焊盘与焊盘之间的间距。

(5)定义好焊盘间距后,单击 Next 按钮,屏幕弹出图 1 – 6 – 19 所示的对话框,用于设置元件边框的线宽,图中设置为 10 mil。

(6)定义好线宽后,单击 Next 按钮,屏幕弹出图 1 – 6 – 20 所示的对话框,用于设置元件的管脚数,图中设置为 16。

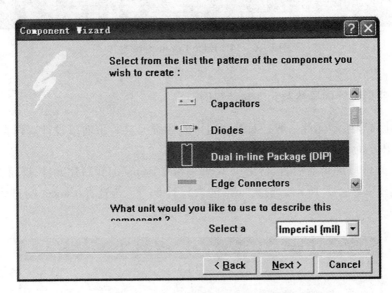

图 1 - 6 - 16 设定元件基本封装

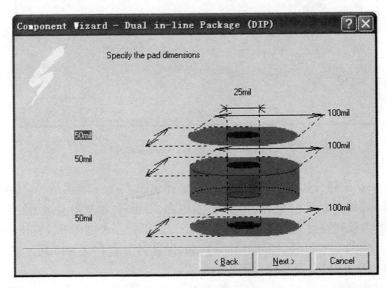

图 1 - 6 - 17 设置焊盘尺寸

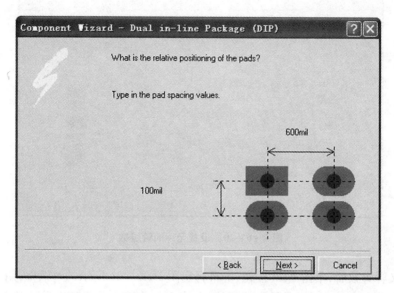

图 1 – 6 – 18　设置焊盘间距

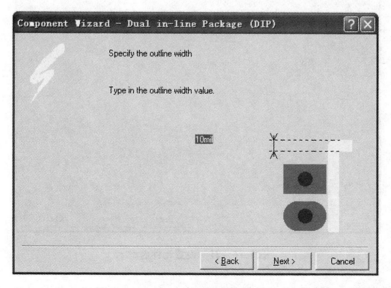

图 1 – 6 – 19　设置边框的线宽

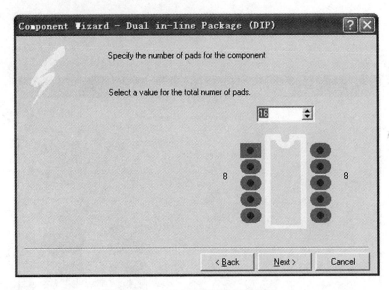

图 1 - 6 - 20　设置元件的管脚数

（7）定义管脚数后，单击 Next 按钮，屏幕弹出图 1 - 6 - 21 所示的对话框，用于设置元件封装名，图中设置为 DIP16。名称设置完毕，单击 Next 按钮，屏幕弹出设计结束对话框，单击 Finish 按钮结束元件设计，屏幕显示刚设计好的元件，如图 1 - 6 - 22 所示。

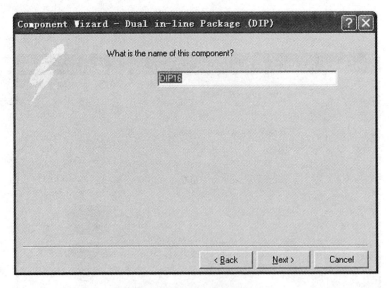

图 1 - 6 - 21　设置元件名称

采用设计向导可以快速绘制元件的封装形式，绘制时应了解元件的外形尺寸，并合理选用基本封装。对于集成块应特别注意元件的管脚间距和相邻两排管脚的间距，并根据管脚大小设置好焊盘尺寸及孔径。

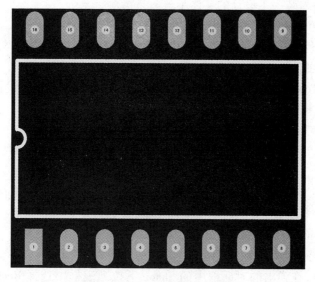

图 1 – 6 – 22 设计好的 DIP16

6.4 采用手工绘制方式设计元件封装

手工绘制方式一般用于不规则的或不通用的元件设计,如果设计的元件是通用的,符合通用的标准,可以通过设计向导快速设计元件。

设计元件封装,实际就是利用 PCB 元件库编辑器的放置工具,在工作区按照元件的实际尺寸放置焊盘、连线等各种图件。下面以图 1 – 6 – 23 所示的贴片式 8 脚集成块的封装

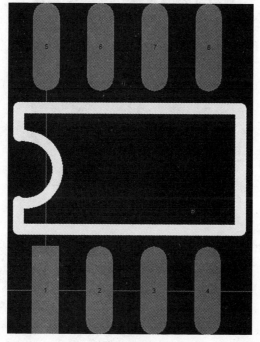

图 1 – 6 – 23 SOP8 封装图

SOP8 为例介绍元件封装手工设计的具体步骤。

（1）根据实际元件确定元件焊盘之间的间距、两排焊盘间的间距及焊盘的直径。SOP8 是标准的贴片式元件封装，焊盘设置为：80 mil×25 mil，形状为 Round；焊盘之间的间距为 50 mil；两排焊盘间的间距 220 mil；焊盘所在层为 Top layer（顶层）。

（2）执行菜单 Tools→Library Options 设置文档参数，将可视栅格 1 设置为 5 mil，可视栅格 2 设置为 20 mil，捕获栅格设置为 5 mil。

（3）执行 Edit→Jump→Reference 将光标跳回原点（0,0）。

（4）执行菜单 Place→Pad 放置焊盘，按下 <Tab> 键，弹出焊盘的属性对话框，设置参数如下。

X – Size：80mil；Y – Size：25mil；Shape：Round；Designator：1；Layer：Top Layer；其他默认。退出对话框后，将光标移动到原点，单击鼠标左键，将焊盘 1 放下。

（5）依次以 50 mil 为间距放置焊盘 2~4。

（6）对称放置另一排焊盘 5~8，两排焊盘间的间距为 220 mil。

（7）双击焊盘 1，在弹出的对话框中的 Shape 下拉列表框中选择 Rectangle，定义焊盘 1 的形状为矩形，设置好的焊盘如图 1 – 6 – 24 所示。

图 1 – 6 – 24　放置焊盘

（8）绘制 SOP8 的外框。将工作层切换到 Top Overlay，执行菜单 Place→Track 放置连线，执行菜单 Place→Arc 放置圆弧，线宽均设置为 10 mil，外框绘制完毕的元件如图 1 – 6 – 23 所示。

（9）执行菜单 Edit→Set Reference→Pin1，将元件参考点设置在管脚 1。

（10）执行菜单 Tools→Rename Component，将元件名修改为 SOP8。

（11）执行菜单 File→Save 保存当前元件。

6.5　编辑元件封装

编辑元件封装,就是对已有的元件封装的属性进行修改,使之符合要求。

1. 修改元件封装库中的元件

修改元件封装库中的某个元件,先进入元件库编辑器,选择 File→Open 打开要编辑的元件库,在元件浏览器中选中要编辑的元件,窗口就会显示出此元件的封装图,若要修改元件封装的焊盘,用鼠标左键双击要修改的焊盘,出现此引脚焊盘的属性对话框,在对话框中就可以修改引脚焊盘的编号、形状、直径、钻孔直径等参数;若要修改元件外形,可以用鼠标点取某一条轮廓线,再次单击它的非控点部分,移动鼠标,即可改变其轮廓线,或者删除原来的轮廓线,重新绘制新的轮廓线。元件修改后,执行菜单 File→Save,将结果保存。

修改元件封装库的结果不会反映在以前绘制的电路板图中。如果按下 PCB 元件库编辑器上的 Update PCB 按钮,系统就会用修改后的元件更新电路板图中的同名元件。

绘制 PCB 时,若发现所采用的元件封装不符合要求,需要加以修改,可以不退出 PCB 99SE,直接进行修改。方法是:在元件浏览器中选中该元件,单击 Edit 按钮,系统自动进入元件编辑状态,其后的操作与上面相同。

2. 直接在 PCB 图中修改元件封装的管脚

在 PCB 设计中如果某些元件的原理图中的管脚号和印制板中的焊盘编号不同(如二极管、三极管等),在自动布局时,这些元件的网络飞线会丢失或出错,此时可以通过直接编辑焊盘属性的方式,修改焊盘的编号来达到管脚匹配的目的。

编辑元件封装的焊盘可以直接双击元件焊盘,在弹出的焊盘属性对话框中修改焊盘编号。

6.6　元件封装常见问题

在元件封装设计中,通常会出现一些错误,这对 PCB 的设计将产生不良影响。

1. 机械错误

机械错误在元件规则检查中是无法出来的,因此设计时需要特别小心。

(1)焊盘大小不合适,尤其是焊盘的内径选择太小,元件引脚无法插进焊盘。

(2)焊盘间的间距以及分布与实际元件不符,导致元件无法在封装上安装。

(3)带安装定位孔的元件未在封装中设计定位孔,导致元件无法固定。

(4)封装的外形轮廓小于实际元件,可能出现由于布局时元件安排比较紧密,导致元件排得太挤,甚至无法安装。

(5)接插件的出线方向与实际元件的出线方向不一致,造成焊接时无法调整。

(6)丝印层的内容放置在信号所在层上,导致元件焊盘无法连接或短路。

2. 电气错误

电气错误通常可以通过元件库编辑器中元件规则检查(Reports→Component Rule Check),或者在载入网络表文件时,由软件系统检查出来,因此可以根据出错信息找到错误并修改。

（1）原理图元件的引脚编号与元件封装的焊盘编号不一致。

（2）焊盘编号定义过程中出现重复定义。

以上错误可以通过编辑焊盘编号来修改，图 1 – 6 – 25 所示二极管中，在原理图中元件管脚定义为 1、2，而在封装中定义为 A、K，两者不一致，通过编辑焊盘，将其 A、K 的编号修改为 1、2。

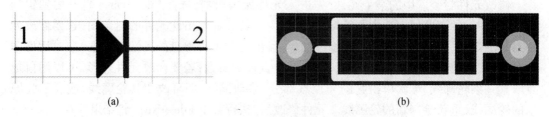

(a)   (b)

图 1 – 6 – 25   二极管中管脚的编号问题

(a)原理图中 DIODE；(b)PCB 中 DIODE0.4

6.7   本 章 小 结

PCB 封装信息主要来源于元器件生产厂家提供的用户手册，也可以访问该元器件的厂商或供应商网站可以获得相应信息。

常用的标准封装元件可以使用设计向导自动进行设计。

不规则的或不通用的元件一般以采用手工设计方式进行。

相似元件封装的设计可以直接编辑元件的封装实现。

第7章　PCB 99SE 自动布线技术

7.1　自动布线步骤

PCB 自动布线就是通过计算机自动将原理图中元件间的逻辑连接转换为 PCB 铜箔连接,PCB 的自动化设计实际上是一种半自动化的设计过程,还需要人工的干预才能设计出合格的 PCB。

PCB 自动布线的流程如下。

(1)绘制电路原理图,生成网络表。

(2)在 PCB 99SE 中,规划印制板。

(3)装载原理图的网络表。

(4)自动布局及手工布局调整。

(5)自动布线参数设置。

(6)自动布线。

(7)手工布线调整及标注文字调整。

(8)输出 PCB 图。采用打印机或绘图仪输出电路板图。

7.2　使用制板向导创建 PCB 模板

Protel 99SE 提供的制板向导中带有大量已经设置好的模板,这些模板中已具有标题栏、参考布线规则、物理尺寸和标准边缘连接器等,允许用户自定义电路板,并保存自定义的模板。

1. 使用已有的模板

执行 File→New 建立新文档,屏幕弹出图 1 – 7 – 1 所示的对话框,选择 Wizards 选项卡,选中制板向导文件 Printed Circuit Board Wizard 系统启动图 1 – 7 – 2 所示的制板向导。

单击图 1 – 7 – 2 中的【Next】按钮,进入图 1 – 7 – 3 所示的模板选择对话框,在其中可以选择所需的设计模板和所采用的单位制。

下面以设计 PCI32 位的模板为例介绍模板的设计过程。

(1)在图 1 – 7 – 3 中选中模板 ,建立 PCI 模式的模板,设计的单位制选择为英制(Imperial)。

(2)单击【Next】按钮,屏幕弹出印制板类型选择对话框,如图 1 – 7 – 4 所示,选择印制板类型 PCI short card 3.3V/ 32BIT。

(3)单击图 1 – 7 – 4 中的【Next】按钮,屏幕弹出标题栏设置对话框,如图 1 – 7 – 5 所示,可以设置标题(Design Title)、公司名称(Company Name)、PCB 板编号(PCB Part

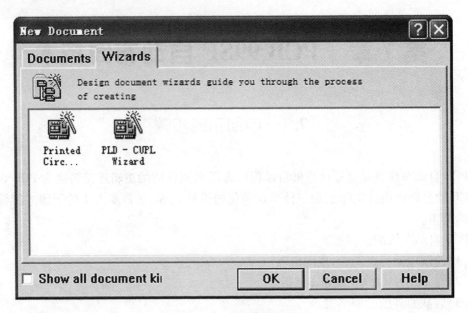

图 1 – 7 – 1　创建模板文档

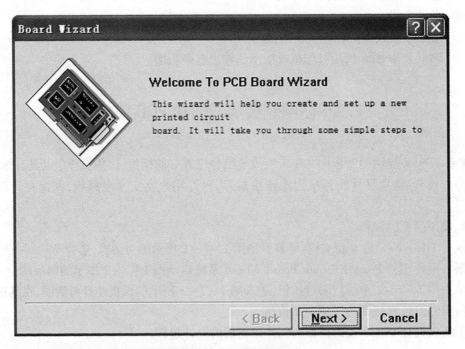

图 1 – 7 – 2　启动模板向导

Number)、设计人员姓名(Designers Name)及联系电话(Contact Phone)。

　　(4)设置标题栏信息后,单击【Next】按钮,屏幕弹出信号层设置对话框,如图 1 – 7 – 6 所示。在其中可以设置使用的信号层。

　　(5)设置好信号层后,单击【Next】按钮,屏幕弹出图 1 – 7 – 7 所示的过孔类型选择对话框,可以选择 Thruhole Vias only(穿透式过孔)和 Blind and Buried Vias only(半掩埋式和掩埋式过孔)。

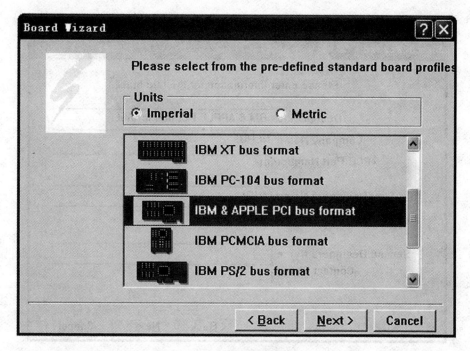

图 1 - 7 - 3　单位制和模板选择

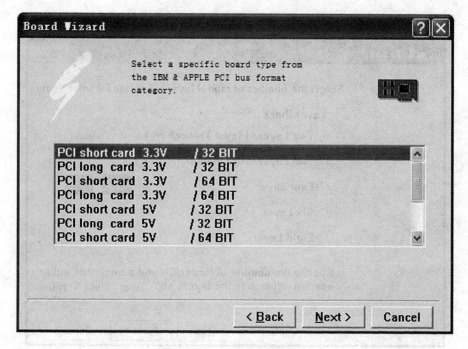

图 1 - 7 - 4　印制板类型选择

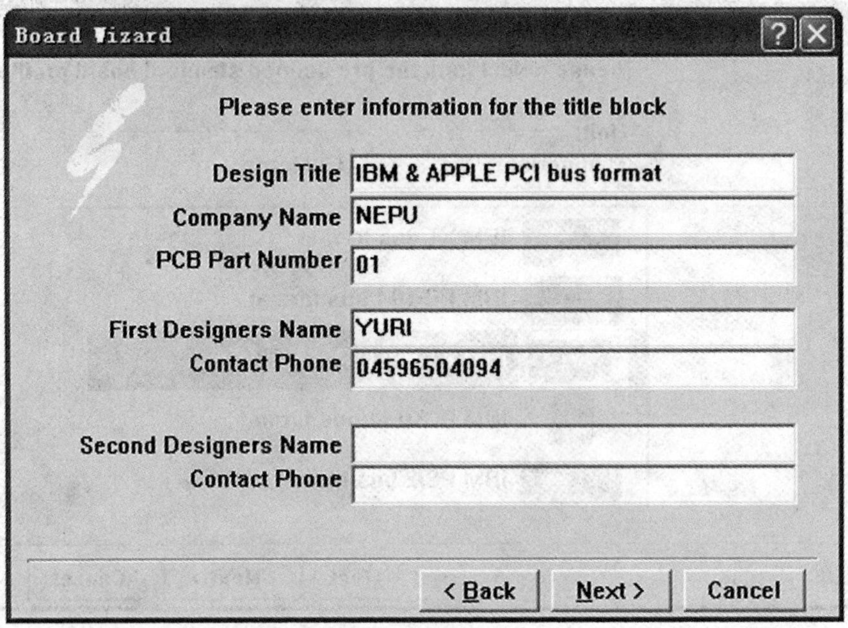

图 1-7-5　设置标题栏信息

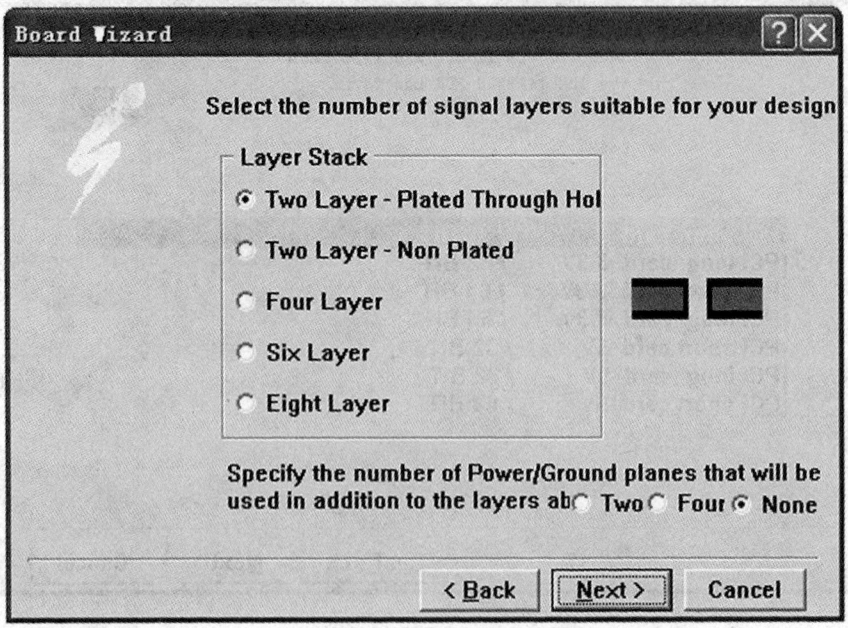

图 1-7-6　信号层设置

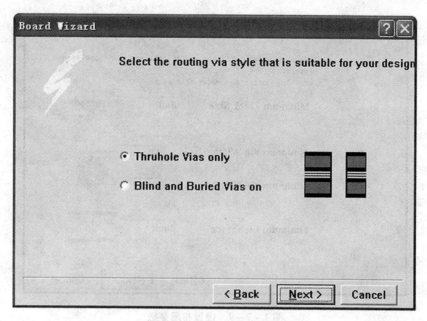

图 1 - 7 - 7　过孔类型选择

（6）设置完过孔后，单击【Next】按钮，屏幕弹出图 1 - 7 - 8 所示的元件类型及放置方式设置对话框，设置元件类型为 Surface - mount components（帖片式）或 Through - hole components（插针式）及元件是单面放置（选 No）或双面放置（选 Yes）。

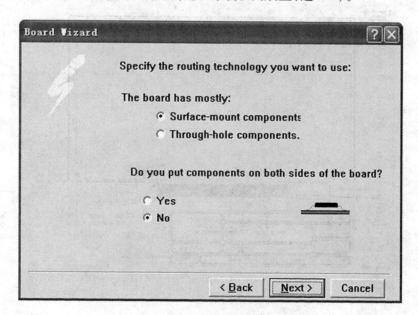

图 1 - 7 - 8　元件类型及放置方式设置

（7）设置完元件放置方式后，单击【Next】按钮，屏幕弹出图 1 - 7 - 9 所示的布线参数设置对话框，图中主要参数如下。

Minimum Track Size 设置最小导线宽度；Minimum Via Width 设置过孔的最小外径；

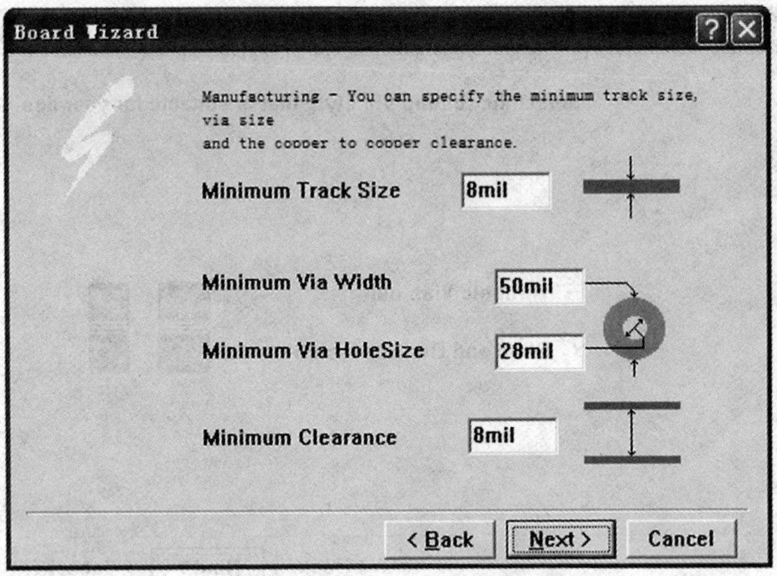

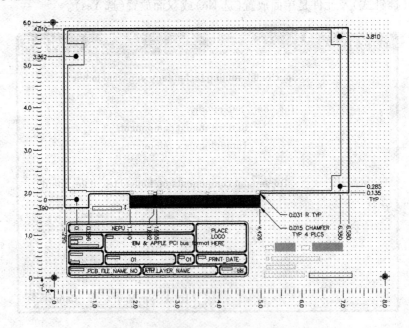

图 1 – 7 – 9　设置布局参数

Minimum Via Hole Size 设置过孔的最小内径；Minimum Clearance 设置导线之间的最小间距。

　　（8）所有设置完毕，单击【Next】按钮，屏幕弹出结束模板设计对话框，单击【Finish】按钮完成 PCB 模板设计。设计完成的 PCI32 位的 PCB 模板如图 1 – 7 – 10 所示。

图 1 – 7 – 10　设置完成的 PCI32 位的 PCB 模板

2. 自定义电路模板

以下以自定义 2 500 mil × 2 000 mil 的矩形板为例，说明自定义电路模板的方法。启动制板向导,选中创建自定义模板选项 Custom Made Board ,进入自定义模板状态,屏幕弹出图1-7-11所示的电路模板参数设置对话框,主要参数如下。

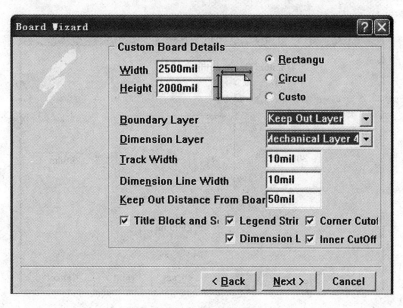

图1-7-11　电路板参数设置

(1)板的类型设置。有3种选择,即 Rectangular(矩形)、Circular(圆形)和 Custom(自定义);主要参数有 Width(宽度)、Height(高度)和 Radius(半径,圆形板)。

(2)层面设置。Boundary Layer 设置电路板边界所在层面,一般设置为 Keep Out Layer;Dimension Layer 设置物理尺寸所在层面,系统默认为 Mechanical Layer 4。

(3)线宽设置。Track Width 设置导线线宽;Dimension Line Width 设置标尺线线宽;Keep Out Distance From Board Edge 设置禁止布线层上的电气边界与电路板边界之间的距离。

(4)其他选择设置。Title Block(标题栏显示设置)、Legend String(图例的字符串显示设置)、Corner Cutoff(是否切掉电路板的4个角)、Scale(显示比例设置)、Dimension Lines(尺寸线显示设置)、Inner Cutoff(是否切掉电路板的中间部分)。

将 Width 设置为2 500 mil,将 Height 设置为2 000 mil,单击【Next】按钮,屏幕弹出图1-7-12所示的自定义印制板外形对话框,此时还可以重新设置印制板的尺寸。

定义好印制板尺寸后,单击 Next 按钮,此后的操作与使用已有模板中的方法相同,分别设置标题栏信息、定义信号层、定义过孔类型、定义元件类型及放置方式、设置布线参数后,单击 Next 按钮,屏幕弹出一个对话框,若要保存模板,选中复选框,出现图1-7-13所示的保存模板对话框,输入模板名和模板说明后单击 Next 按钮,将当前模板保存。

上述的印制板规划是使用设计向导进行的,对于一般的电路,不一定需要使用设计向导,可以直接通过手工方式进行 PCB 规划,如第6章中所述。

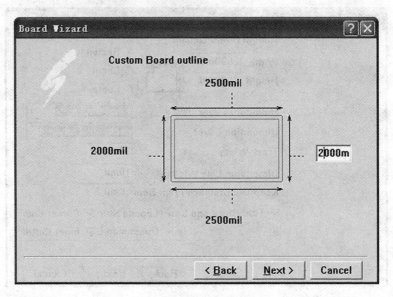

图 1 – 7 – 12   定义印制板外形

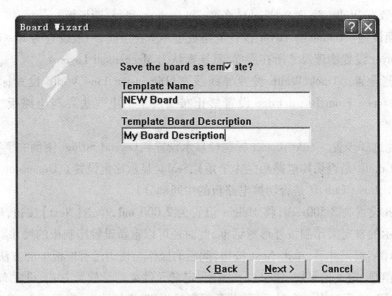

图 1 – 7 – 13   保存模板

7.3 自动装载网络表与元件

规划印制板后,就可以将元件封装放置到电路板上,进行印制板布局,PCB 99SE 中提供有自动装载网络表与元件的功能。

7.3.1 原理图中 PCB 布线指示的使用

在原理图绘制中,可以针对某些连线放置 PCB 布线指示,预先设置 PCB 中的线宽、孔径、优先级设置等布线规则内容,它们可以包含在 Protel2 格式的网络表中,在 PCB 设计时自动生效。

1. 放置 PCB 布线指示

在 SCH 99SE 中执行 Place→Directives→PCB Layout,或单击绘图工具栏中的图标 ,系统进入放置 PCB 布线指示状态,光标上带着一个红色的布线指示标记,将光标移动到要放置标记的线路上,单击鼠标左键放置 PCB 布线指示,如图 1 - 7 - 14 所示。

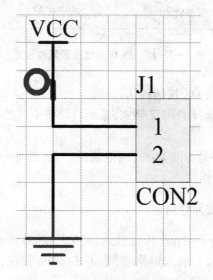

图 1 - 7 - 14 放置 PCB 布线指示

2. 设置 PCB 布线指示属性

双击 PCB 布线指示标记,屏幕弹出图 1 - 7 - 15 所示的布线指示属性对话框,用于设置印制导线宽度、过孔直径、优先级设置等布线规则内容,对话框主要参数如下:

☆Track Width:设置线宽,默认 10mil。

☆Via Width:过孔尺寸,默认 50mil。

☆Topology:设置当前导线的走线方式,默认为 Shortest(最短连线方式)。

☆Priority:设置当前导线的布线优先权,默认为 Medium(中级)。

☆Layer:设置 PCB 上布线的板层,默认为 Undefined(未定义板层),板层可以在信号层、电源层和多层中进行选择。

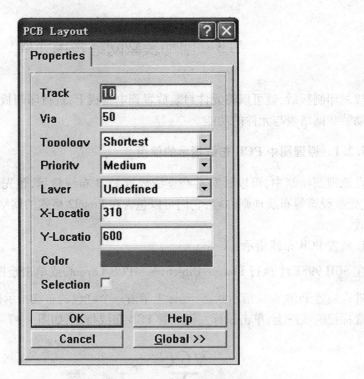

图 1 - 7 - 15　PCB 布线指示属性设置

以上参数设置好后,单击 OK 按钮确认。

此后在生成网络表时,选择 Protel2 格式,系统自动将上述的布线信息添加到网络表中。

3. Protel2 格式网络表

Protel2 格式网络表文件是标准 Protel 网络表的扩展,添加一些附加信息,由元件描述、网络描述和布线描述 3 部分组成。

7.3.2　通过网络表装载元件封装

规划 PCB 后,执行 Design→Load Nets 载入网络表,屏幕弹出一个对话框,单击 Browse 按钮选择网络表文件(∗ . net),载入网络表,单击 Execute 按钮,将网络表文件中的元件调到当前印制板中,如图 1 - 7 - 16 所示。

图 1 - 7 - 16 中,载入的元件都散开排列在禁止布线边框之外(Protel 99SE SP6 之前的

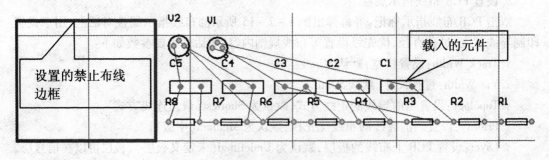

图 1 - 7 - 16　从网络表中装载元件

版本中,元件堆积在光标处),在布线前还必须进行自动布局。

7.3.3 装载网络表出错的修改

一般在进行电路板设计之前,要确保电路图及相关的网络表必须正确,为此要先检查网络表上是否存在错误。装载的网络表要完全正确,牵涉到的因素很多,最主要的是元件封装是否存在、网络表是否正确及 PCB 封装之间与元件管脚之间的匹配。

下面以图 1 - 7 - 17 所示的检波器电路为例来说明网络表载入出错的修改方法。

进入 PCB 99SE,规划印制板后,执行 Design→Load Nets,屏幕弹出装载网络表对话框,选中网络表文件,出现图 1 - 7 - 17 所示的装载信息。

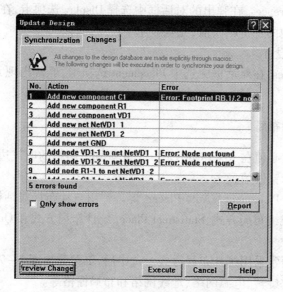

图 1 - 7 - 17 载入检波器的网络表

由图中可知,装入网络表后共发现 5 个错误,由于在电路图中已经进行过 ERC 检验,因此错误不是电气连接上的问题,而是在于电路图元件与 PCB 封装的不匹配所引起,这种错误称为网络宏错误,分为警告和错误两类。

在图 1 - 7 - 17 中,存在 5 个错误,主要有三类,原因如下:

☆于元件库中不存在电容封装 RB.1/.2,故出错。

☆电容 C1 由于没有定义正确的封装,故提示该元件不存在。

☆图中的二极管 VD1,在原理图中管脚号定义为 1、2,而在印制板中焊盘编号定义为 A、K,两者不匹配,故节点找不到而出错。

找到错误原因,回到电路原理图中或其他相关的编辑器中进行修改。

本例中,在原理图编辑中将电容的封装改为 RB.2/.4,并重新生成网络表文件,解决电容封装的错误;在印制板编辑中将二极管的焊盘编号 A、K 分别改为 1、2,并重新装载网络表文件,此时所有错误消失。

7.4　元件布局

7.4.1　元件布局前的处理

1.元件布局栅格设置

执行 Design→Options,在弹出的对话框中选择 Options 选项卡,设置捕获栅格和元件栅格 X,Y 方向的间距大小。

2.字符串显示设置

执行 Tools→Preferences,在弹出的对话框中选择 Display 选项卡,在 Draft thresholds 选项区域中,减小 Strings 中的字符串阀值,完整显示字符串内容。

3.元件布局参数设置

执行 Design→Rules,在对话框中选中 Placement 选项卡,屏幕出现元件布局参数设置对话框。一般选择默认。

7.4.2　元件自动布局

进行自动布局前,必须在 Keep Out Layer 上先规划电路板的电气边界,然后载入网络表文件,否则屏幕会提示错误信息。

执行 Tools→Auto Placement→Auto Placer,屏幕弹出自动布局对话框,如图 1-7-18 所示,有 Cluster Placer 成组布局方式、Statistical Placer 统计布局方式和 Quick Component Placer 快速布局三种选择。

在自动布局时,通常采用统计布局方式。选中后,屏幕弹出图 1-7-19 所示的对话框,可以设置元件组、元件旋转、电源网络、地线网络和布局栅格等。

设置完毕,单击 OK 按钮,程序开始自动布局,产生自动布局的印制板 Place1,自动布局

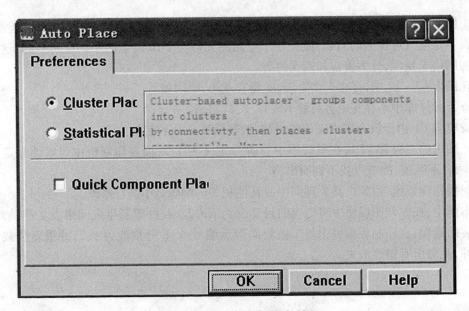

图 1-7-18　自动布局对话框

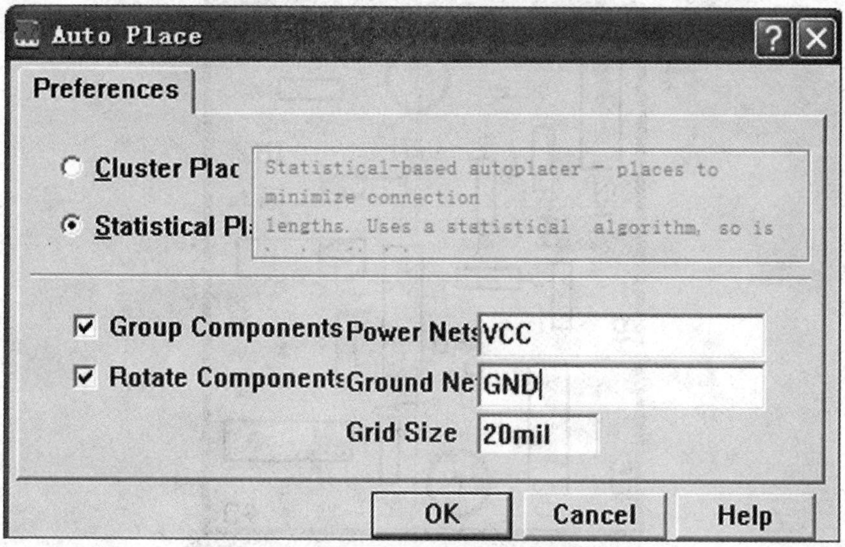

图 1 - 7 - 19　统计布局下的自动布局设置

完成后,会出现一个对话框,提示自动布局完成,完成后的窗口如图 1 - 7 - 20 所示。

图 1 - 7 - 20　自动布局完成后的窗口

单击 OK 按钮,屏幕弹出一个对话框,提示是否更新电路板,单击"Yes"按钮,程序更新电路板,退出自动布局状态,PCB 如图 1 - 7 - 21 所示。此时各元件之间存在连线,称为网络飞线,体现节点间的连接关系。

显然图中的元件布局不理想,元件标号的方向也不合理,需要手工调整,在保证电气性能的前提下,尽量减少网络飞线的交叉,以利于提高自动布线的布通率。

7.4.3　手工布局调整

手工布局调整主要目的是通过移动元件、旋转元件等方法合理调整元件的位置,减少网络飞线的交叉。

1. 元件的选取

单个元件选取通过直接用鼠标单击元件实现,多个元件选取可用鼠标拉出方框进行,或者在按住 < Shift > 键的同时,用鼠标单击要选中的元件实现。

2. 元件的移动、旋转

通过菜单 Edit→Move 下的各种命令来完成。在元件移动过程中,按下空格键、< X >

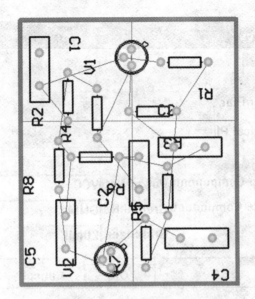

图 1 - 7 - 21　完成自动布局的电路板

键、<Y>键也可以旋转元件。

3.锁定状态元件的移动

移动锁定状态的元件,屏幕弹出对话框,单击 Yes 按钮确定移动元件。

4.元件标注的调整

双击元件标注,屏幕弹出对话框,可以编辑元件标注。元件标注一般要保持一致的大小和方向,且不能放置在元件上。

5.3D 显示布局图

执行 View→Board in 3D 显示元件布局的 3D 视图,观察元件布局是否合理。手工布局调整后的阻容耦合放大电路如图 1 - 7 - 22 所示,3D 图如图 1 - 7 - 23 所示。

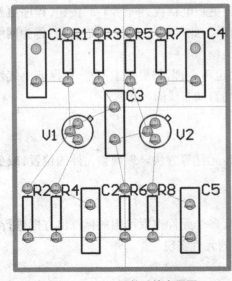

图 1 - 7 - 22　调整后的布局图

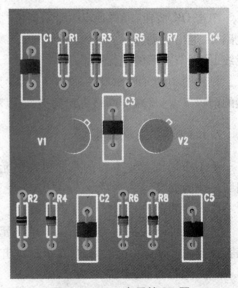

图 1 - 7 - 23　布局的 3D 图

7.5　设计规则设置与自动布线

7.5.1　自动布线设计规则设置

自动布线前,首先要设置布线设计规则。执行菜单 Design→Rules,屏幕弹出图 1 - 7 - 24 所示的对话框,此对话框共有六个选项卡,分别设定与布线、制造、高速线路、元件自动布置、信号分析及其他方面有关的设计规则。以下介绍常用的布线设计规则。

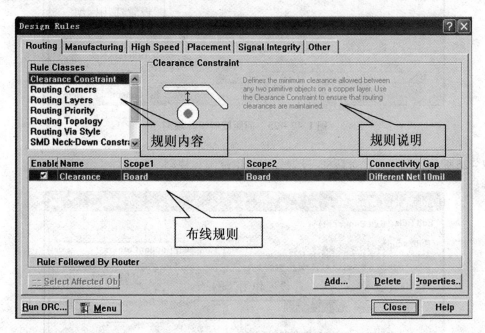

图 1 - 7 - 24　设计规则的对话框

1. Clearance Constraint(间距限制规则)

图 1 - 7 - 24 中选中 Clearance Constraint,进入间距限制规则设置。该规则用来限制具有导电特性的图件之间的最小间距,在对话框的右下角有三个按钮。

(1)Add 按钮。用于新建间距限制规则,单击后出现图 1 - 7 - 25 所示的对话框。左边一栏用于设置规则适用的范围,右边一栏是设置设计规则的参数,Connective 下拉列表框设置适用网络。

设置完毕,单击 OK 按钮,完成间距设计规则的设定,设定好的内容将出现在设计规则对话框下方的具体内容一栏中。

(2)Delete 按钮。用于删除选取的规则。

(3)Properties 按钮。用于修改设计规则参数,修改后的内容会出现在具体内容栏中。

2. Routing Corners(拐弯方式规则)

此规则主要是在自动布线时,规定印制导线拐弯的方式。单击 Add 按钮,屏幕出现图

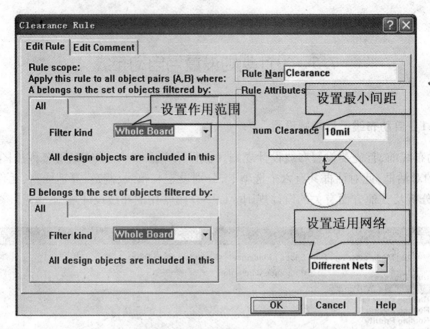

图 1 - 7 - 25   间距限制设计规则

1 - 7 - 26所示的拐弯方式对话框,设置规则适用范围和规则参数。

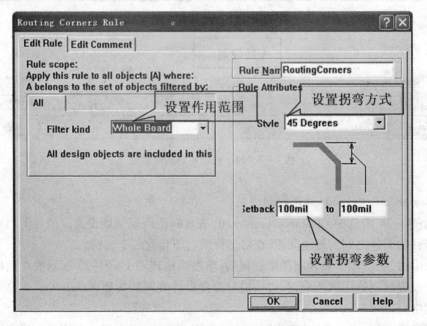

图 1 - 7 - 26   拐弯方式规则对话框

拐弯方式规则的 Style 下拉列表框中可以选择所需的拐弯方式,一共有三种:45°拐弯、90°拐弯和圆弧拐弯。其中,对于 45°拐弯和圆弧拐弯,有拐弯大小的参数,带箭头的线段长度参数在 Setback 栏中设置。

3. Routing Layers(布线层规则)

此规则用于规定自动布线时所使用的工作层,以及布线时各层上印制导线的走向。单击 Add 按钮,屏幕出现图 1 − 7 − 27 所示的布线层规则对话框,可以设置布线层、规则适用范围和布线方式。

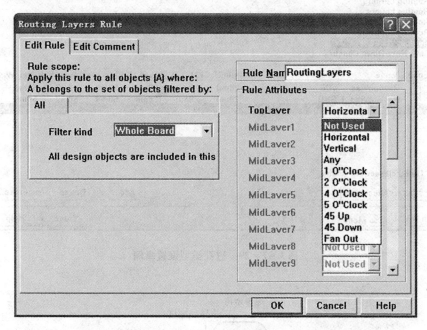

图 1 − 7 − 27　布线层设置

图中 Filter Kind 下拉列表框用于选择规则适用范围。右边栏设置自动布线时所用的信号层及每一层上布线走向,有下列几种:Not Used:不使用本层;Horizontal:本层水平布线;Any:本层任意方向布线;Vertical:本层垂直布线 ;1 ~ 5 O″Clock:1 ~ 5 点钟方向布线;45 Up:向上 45°方向布线;45 Down:向下 45°方向布线;Fan Out:散开方式布线等。

布线时应根据实际要求设置工作层。如采用单面布线,设置 Bottom Layer 为 Any(底层任意方向布线)、其他层 Not Used(不使用);采用双面布线时,设置 Top Layer 为 Horizontal(顶层水平布线),Bottom Layer 层为 Vertical(底层垂直布线),其他层 Not Used(不使用)。

4. Routing Via Style(过孔类型规则)

此规则设置自动布线时所采用的过孔类型。单击 Add 按钮,屏幕出现图 1 − 7 − 28 所示的过孔类型规则对话框,需设置规则适用范围、孔径范围和钻孔直径范围。

图 1 − 7 − 29 所示为过孔类型规则设置的范例。从图中可以看出,不同类型的过孔,其尺寸设置不同,一般电源和接地的过孔尺寸比较大且为固定尺寸,而其他信号线的过孔尺寸则稍小。

5. SMD Neck − Down Constraint(SMD 焊盘与导线的比例规则)

此规则用于设置 SMD 焊盘在连接导线处的焊盘宽度与导线宽度的比例,可定义一个百分比,如图 1 − 7 − 30 所示。

单击 Add 按钮,出现图 1 − 7 − 31 所示对话框,用于设置 SMD 焊盘与导线的比例。

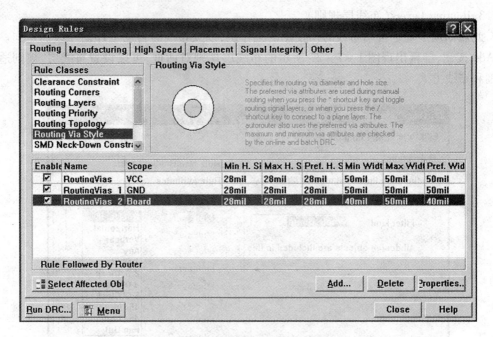

图 1 - 7 - 29　过孔类型设置举例

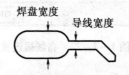

图 1 - 7 - 30　宽度示意图

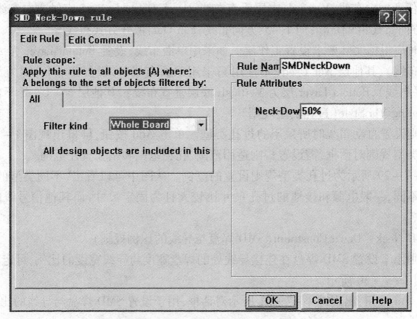

图 1 - 7 - 31　SMD 焊盘与导线比例规则设置

6. SMD To Corner Constraint(SMD 焊盘与拐角处最小间距限制规则)

此规则用于设置 SMD 焐盘与导线拐角的间距大小,如图 1 − 7 − 32 所示。

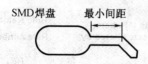

图 1 − 7 − 32　焊盘与导线拐角的间距

单击 Add 按钮,出现图 1 − 7 − 33 所示的 SMD 焊盘与导线拐角的间距设置对话框,对话框左边的 Filter Kind 下拉列表框用于设置规则的适用范围;右边的 Distance 栏用于设置 SMD 焊盘到导线拐角的距离。

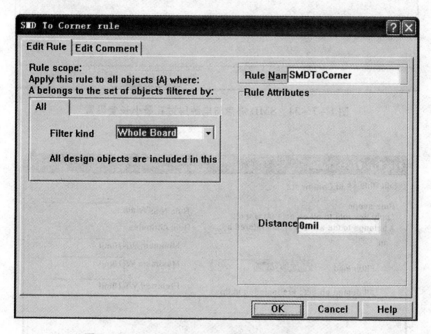

图 1 − 7 − 33　SMD 焊盘与拐角处最小间距限制设置

7. SMD To Plane Constraint(SMD 焊盘与电源层过孔间的最小长度规则)

此规则用于设置 SMD 焊盘与电源层中过孔间的最短布线长度。单击 Add 按钮,出现图 1 − 7 − 34 所示的设置对话框,对话框左边的 Filter Kind 下拉列表框用于设置规则的适用范围;右边的 Distance 栏用于设置最短布线长度。

8. Width Constraint(印制导线宽度限制规则)

此规则用于设置自动布线时印制导线的宽度范围,可定义一个最小值和一个最大值。单击 Add 按钮,出现图 1 − 7 − 35 所示的对话框,此对话框用于设置适用范围和线宽限制。

(1)设置规则适用范围

对话框的左边一栏用于设置规则的适用范围,其中 Filter Kind 下拉列表框,用于设置线宽设置的适用范围。

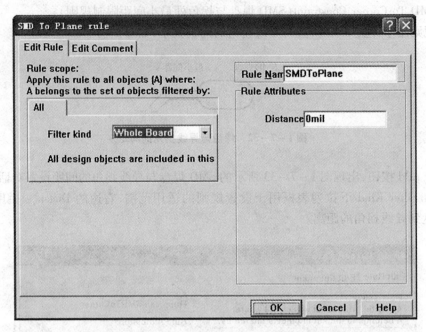

图 1 – 7 – 34 SMD 焊盘与电源层过孔最小长度设置

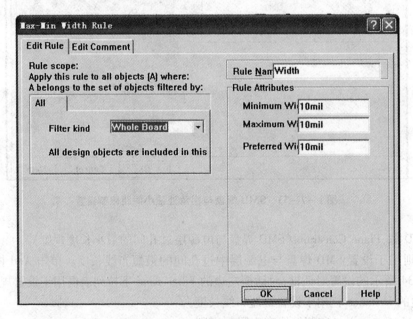

图 1 – 7 – 35 线宽限制对话框

(2)设置布线线宽

对话框的右边一栏用于设置规则参数,其中:

Minimum Width 设置印制导线的最小宽度;

Maximum Width 设置印制导线的最大宽度;

Preferred Width 设置印制导线的首选布线宽度。

自动布线时,布线的线宽限制在这个范围内。

在实际使用中,如果要加粗地线的线宽,可以再设置一个专门针对地线网络的线宽设置,如图 1 - 7 - 36 所示,图中地线的线宽设置为 20 mil,规则适用范围为网络 GND。

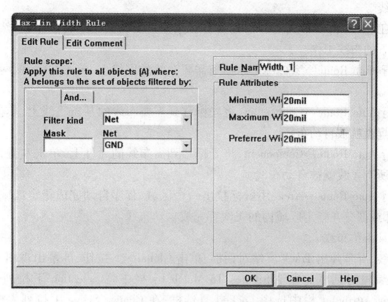

图 1 - 7 - 36　地线线宽设置举例

一个电路中可以针对不同的网络设定不同的线宽限制规则,对于电源和地设置的线宽一般较粗。

图 1 - 7 - 37 为布线线宽限制规则的范例。从图中可以看出共有 5 个线宽限制规则,其中 VCC 和 GND 的线宽最粗,为 20 mil; + 12 和 - 12 的线宽居中,为 15 mil;其他信号线的线

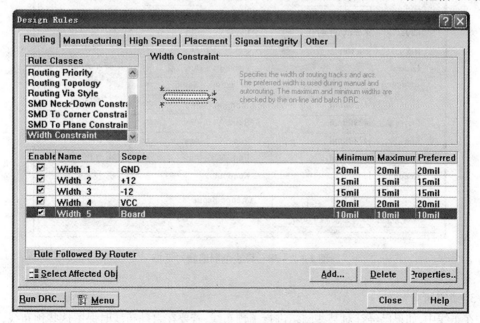

图 1 - 7 - 37　地线限制设置举例

宽最小,为 10 mil。

7.5.2　自动布线前的预处理

1. 预布线

在实际工作中,自动布线之前常常需要对某些重要的网络进行预布线,然后运行自动布线完成剩下的布线工作。

(1)执行 Auto Route→Net,将光标移到需要布线的网络上,单击左键,该网络立即被自动布线。

(2)执行 Auto Route→Connection,将光标移到需要布线的某条飞线上,单击左键,则该飞线所连接焊盘就被自动布线。

(3)执行 Auto Route→Component,将光标移到需布线的元件上,单击左键,与该元件的焊盘相连的所有飞线就被自动布线。

(4)执行 Auto Route→Area,用鼠标拉出一个区域,程序自动完成指定区域内的自动布线,凡是全部或部分在指定区域内的飞线都完成自动布线。

2. 锁定某条预布线

双击连线,屏幕弹出 Track 属性对话框,单击 Global > > 按钮,屏幕出现图 1 - 7 - 38 所示导线全局编辑对话框。在 Attributes To Match by 栏中将 Selection 下拉列表框设置为 Same;在 Copy Attributes 栏中选中 Locked 复选框;在 Change Scope 下拉列表框设置为 All FREE primitives,单击 OK 按钮,屏幕弹出属性修改确认对话框,单击 Yes 按钮确认修改,该预布线即被锁定。

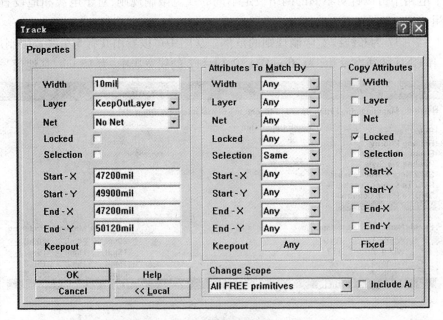

图 1 - 7 - 38　导线全局编辑对话框

3. 锁定所有预布线

在布线中,如果已经针对某些网络进行了预布线,若要在自动布线时保留这些预布线,可以在自动布线器选项中设置锁定所有预布线功能。执行菜单 Auto Route→Setup,屏幕弹出图

1 - 7 - 39所示的自动布线器设置对话框,选中 Lock All Pre - routes 复选框,实现锁定预布线功能。

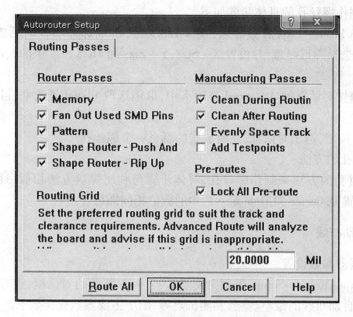

图 1 - 7 - 39　锁定预布线功能设置

4. 制作螺丝孔

在印制板制作中,经常要在 PCB 上设置螺丝孔或打定位孔,它们与焊盘或过孔不同,一般不需要有导电部分,可以利用放置过孔或焊盘的方法来制作螺丝孔,图 1 - 7 - 40 所示为设置螺丝孔后的 PCB 规划图。

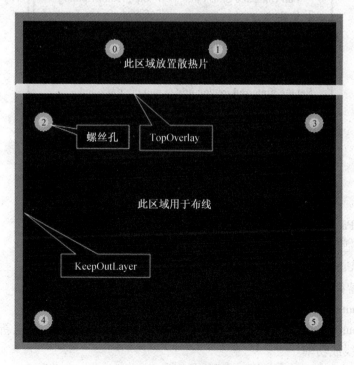

图 1 - 7 - 40　设置螺丝孔

（1）采用焊盘的方法

利用焊盘制作螺丝孔的具体步骤如下。

①执行菜单 Place→Pad，放置焊盘，按＜Tab＞键，出现焊盘属性对话框，在对话框的 Properties 栏中，选择圆形焊盘，并设置 X – Size、Y – Size 和 Hole Size 中的大小相同，目的是不要表层铜箔。

②在焊盘属性对话框的 Advanced 选项卡中，取消选取 Plated 复选框，目的是取消孔壁上的铜。

③单击 OK 按钮，退出对话框，这时放置的就是一个螺丝孔。

（2）采用过孔的方法

利用放置过孔的方法来制作螺丝孔，具体步骤与利用焊盘方法相似，只要在过孔的属性对话框中，设置 Diameter 和 Hole Size 栏中的数值相同即可。

7.5.3　自动布线

1. 自动布线器参数设置

执行菜单 Auto Route→Setup，屏幕出现图 1 – 7 – 41 所示的对话框，进行自动布线器设置，它可以设置自动布线的策略、参数和测试点等，图中主要参数含义如下。

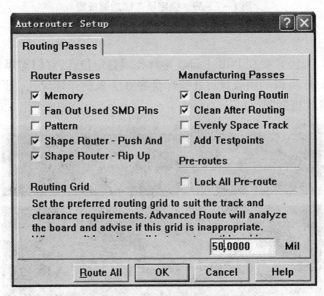

图 1 – 7 – 41　自动布线器设置对话框

（1）Router Passes 选项区域，用于设置自动布线的策略。

☆Memory：适用于存储器元件的布线。

☆Fan Out Used SMD Pins：适用于 SMD 焊盘的布线。

☆Pattern：智能性决定采用何种算法用于布线，以确保布线成功率。

☆Shape Router – Push And Shove：采用推挤布线方式。

☆Shape Router – Rip Up：选取此项，能撤销发生间距冲突的走线，并重新布线以消除间距冲突，提高布线成功率。

布线时，为了确保成功率，以上几种策略都应选取。

（2）Manufacturing Passes 区域,用于设置与制作电路板有关的自动布线策略。

☆Clean During Routing:自动清除不必要的连线。

☆Clean After Routing:布线后自动清除不必要的连线。

☆Evenly Space Track:在焊盘间均匀布线。

☆Add Testpoints:自动添加指定形状的测试点。

（3）Pre – routes 区域,用于处理预布线,如果选中则锁定预布线。一般自动布线之前有进行预布线的电路,必须选中该项。

（4）Routing Grid 区域,此区域用于设置布线栅格大小。

自动布线器能分析 PCB 设计,并自动按最优化的方式设置自动布线器参数,所以推荐使用自动布线器的默认参数。

2.运行自动布线

布线规则和自动布线器参数设置完毕,执行 Auto Route→All,屏幕弹出图 1 – 7 – 41 所示的自动布线器设置对话框,单击 Route All 按钮对整个电路板进行自动布线。

自动布线过程中,单击主菜单中的 Auto Route,在弹出的菜单中执行以下命令,可以控制自动布线进程。

Pause:暂停;Restart:继续;Reset:重新设置;Stop:停止布线。

执行 Stop 后,中断自动布线,弹出布线信息框,提示目前布线状况,并保留已经完成的布线,如图 1 – 7 – 42 所示。

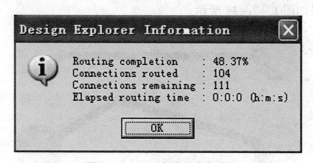

图 1 – 7 – 42　布线信息报告

7.5.4　手工调整布线

1.布线调整

PCB 99SE 中提供有自动拆线功能和撤销功能,当设计者对自动布线的结果不满意时,可以拆除电路板图上的铜膜线而剩下网络飞线。

（1）撤消操作

单击主工具栏图标 ↶,可以撤消本次操作。撤消操作的次数可以执行菜单 Tools→Preferences,在 Options 选项卡的 Other 区的 Undo/Redo 栏中设置。

如果要恢复前几次的操作,可以连续单击主工具栏图标 ↷ 。

（2）自动拆线

自动拆线的菜单命令在 Tools→Un – Route 的子菜单中。

☆All:拆除所有线;

☆Net：拆除指定网络的线；

☆Connection：拆除指定焊盘间的线；

☆Component：拆除指定元件所连接的线。

2．拉线技术

Protel 99SE 提供的拉线功能，可以对线路进行局部调整。拉线功能可以通过以下三个菜单命令实现。

（1）Edit→Move→Break Track（截断连线）。它可将连线截成两段，以便删除某段线或进行某段连线的拖动操作，截断线的效果如图 1-7-43 所示。

图 1-7-43　截断连线

（2）Edit→Move→Drag Track End（拖动连线端点）。执行该命令后，单击要拖动的连线，光标自动滑动至离单击处较近的导线端点上，此时可以拖动该端点，而其他端点则原地不动，拖动导线的效果如图 1-7-44 所示。

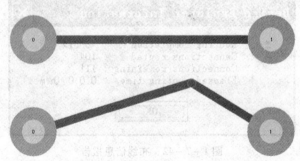

图 1-7-44　拖动连线端点

（3）Edit→Move→Re-Route（重新走线）。执行该命令可以用拖拉"橡皮筋"的方式移动连线，选好转折点后单击鼠标左键，将自动截断连线，此时移动光标即可拖拉连线，而连线的两端固定不动，重新走线的效果如图 1-7-45 所示。

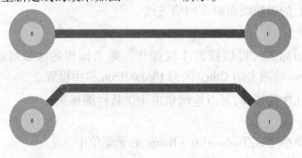

图 1-7-45　重新走线

3. 添加电路输入端/输出端和电源端的焊盘

在 PCB 设计中,自动布线结束后,一般要给信号的输入、输出和电源端添加焊盘,以保证电路的连接和完整性。

下面以放大电路的 PCB 板为例介绍添加焊盘的具体步骤。

(1)将工作层设置为 Bottom Layer。

(2)执行菜单 Place→Pad,将光标移动到合适的位置放置焊盘,如图 1 - 7 - 46 所示。

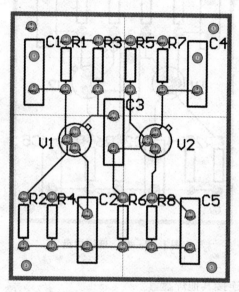

图 1 - 7 - 46 添加焊盘

(4)双击刚放置的焊盘,屏幕弹出图 1 - 7 - 47 所示的焊盘属性对话框,选择 Advanced

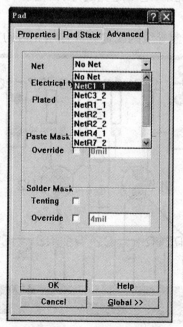

图 1 - 7 - 47 设置焊盘网络

选项卡,单击 Net 下拉列表框,选择所需的网络(如 NETC1_1),单击 OK 按钮,将焊盘的网络属性设置为电源 NETC1_1,此时该焊盘上出现网络飞线,连接到 NETC1_1 网络。

(5)执行菜单 Place→Line,将焊盘连接到网络 NETC1_1 上,如图 1-7-48 所示。

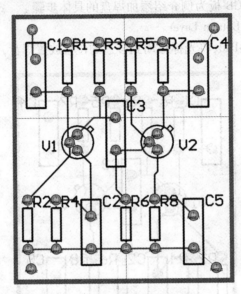

图 1-7-48　连接焊盘

(6)按照同样的方法连接其他焊盘。

4.加宽电源线和接地线

在 PCB 设计中,增加电源线和地线的宽度可以提高电路的抗干扰能力。电源线和地线的加宽原则:一般在允许的情况下,地线越宽越好;而电源线和其他的信号线,如果通过的电流较大,也需要加宽。

加宽方法可以通过修改印制导线的线宽或放置填充区的方法实现。图 1-7-49 所示

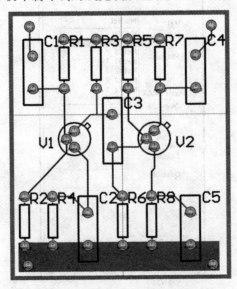

图 1-7-49　采用填充区布设地线

为采用填充区布设地线。

5. 文字标注的调整

文字标注调整的目的是让文字排列整齐,字体一致,使加工出的 PCB 板美观,并且利于元件安装。主要的调整方法为将文字移动到合适的位置,并双击文字标注,在弹出的对话框中设置文字大小和字体。

6. 泪珠滴的使用

所谓泪珠滴,就是在印制导线与焊盘或过孔相连时,为增强连接的牢固性,在连接处加大印制导线宽度。采用泪珠滴后,印制导线在接近焊盘或过孔时,线宽逐渐放大,形状就像一个泪珠。添加泪珠滴时要求焊盘要比线宽大,设置泪珠滴的步骤如下。

(1)选取要设置泪珠滴的焊盘或过孔,或选择网络或铜膜导线,图 1 – 7 – 50 中选中网络 GND。

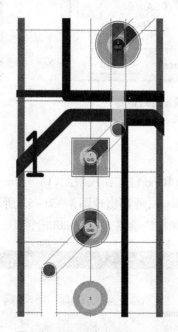

图 1 – 7 – 50　选中网络 GND

(2)执行菜单 Tools→Teardrops,屏幕弹出泪珠滴设置对话框,如图 1 – 7 – 51 所示。General 区:用于设置泪珠滴作用的范围,常用的有 All Pads(所有焊盘)、All Vias(所有过孔)、Selected、Objects Only(仅设置选中的目标)、Force Teardrops(强制设置泪珠滴)、**Create Report**(产生报告文件)。

Action 区:用于选择添加(Add)或删除泪珠滴(Remove)。

Teardrops Style 区:用于设置泪珠滴的式样,可选择 Arc(圆弧)或 Track(线型)。

图中选择添加线型泪珠滴,只添加选中网络的所有焊盘和过孔,并生成报告文件。

参数设置完毕,单击 OK 按钮,系统自动在 GND 网络上添加泪珠滴,如图 1 – 7 – 52 所示。

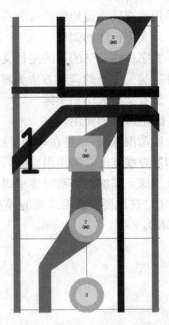

图 1 - 7 - 51　泪珠滴设置对话框　　　　图 1 - 7 - 52　设置泪珠滴

7.5.5　设计规则检查

设计规则检查有报表输出(Report)和在线检测(On - line)两种方式。

执行 Tools→Design Rule Check,屏幕出现图 1 - 7 - 53 所示的对话框,有两个选项卡,分别用于报表输出方式(Report)和在线检测方式(Online)。

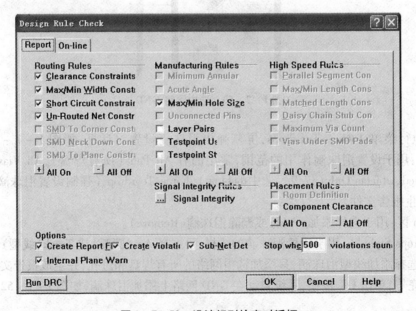

图 1 - 7 - 53　设计规则检查对话框

1. 报表输出方式(Report)

Report 选项卡如图 1 - 7 - 53 所示,可以设置检查项目。其中 Routing Rules、Manufacturing Rules 和 High Speed Rules 三栏分别列出了与布线、制作及高速电路有关的规则,若需要利用某个规则作检查,则选取相应的复选框。在进行 DRC 检查前,必须在 Design →Rules 中设置好要检查的设计规则,这样在 DRC 检查时才能被选中。按下 Run DRC 按钮,开始进行 DRC 检查,检查完毕后,将给出一个检查报告。

2. 在线检测方式(On - line)

执行 Tools→Preferences,在弹出的对话框中的 Editing options 区,选中 Online DRC 复选框实现在线检测。

设置在线检测后,在放置和移动图件时,程序自动根据规则进行检查,一旦发现违规,将高亮度显示违规内容。

3. PCB 中违规错误的浏览

DRC 检查后,系统给出检查报告,违规的图件将高亮显示,此时利用违规浏览器可以方便地找到发生违规的位置及违规的具体内容。

在设计管理器的 Browse 下拉列表框中,选择 Violations,设置浏览器为违规浏览器,单击 Details 按钮,屏幕弹出对话框,详细说明了违规的具体内容,包括违反的规则,违规的图件名和图件位置。

7.5.6　元件重新编号及原理图更新

执行 Tools→Re - Annotate,屏幕弹出图 1 - 7 - 54 所示的对话框,选择元件重新编号的方式,单击 OK 按钮,系统自动进行重新编号,同时产生一个 * . WAS 文件,显示编号的变化情况,左边一列为原编号,右边一列为新编号,如图 1 - 7 - 55 所示。

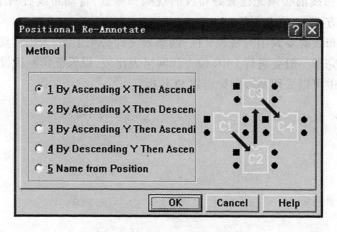

图 1 - 7 - 54　重新编号对话框

元件重新编号后,必须更新原理图的元件标注,以保证电路的一致性。进入 SCH 99SE,打开原理图,执行 Tools→Back Annotate,更新原理图的元件标注。

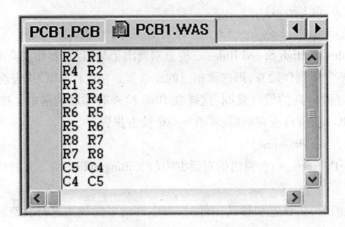

图 1 - 7 - 55　重新编号的元件对照

7.6　本 章 小 结

　　Protel 99SE 具有自动布局和自动布线功能。PCB 自动布线要经过原理图绘制、网络表生成、规划印制板、装载网络表、自动布局及手工布局调整、自动布线参数设置、自动布线、手工布线调整及标注文字调整、输出 PCB 图等过程。

　　在装载网络表文件时，原理图、网络表和 PCB 元件必须相匹配，这样装载网络时才不会有错误提示。

　　Protel 99SE 自动布局的效果并不理想，需要进行手工调整，尽量减少网络飞线之间的交叉。

　　印制板自动布线前必须先设置好布线的规则和参数，自动布线后的结果，一般会有一些不尽人意的地方，需要手工调整。

　　印制板自动布线时要调用网络表文件，网络表文件必须正确，否则自动布线将出错。

　　印制板设计完毕一般要进行 DRC 检查和网络表比较，以保证印制板设计的正确性。

　　印制板设计中可以采用制板向导创建 PCB 板。

第 二 部 分

Protel 99SE 上机实训部分

第二部分

Protel 99SE 工程实例部分

实验 1   Protel 99SE 使用基础

一、实验目的

1. 掌握设计数据库的概念,以及新建、打开和关闭等基本操作。
2. 熟悉 Protel 99SE 的设计界面,熟练掌握对设计数据库中的文件夹和文件的操作。
3. 掌握利用窗口管理功能对窗口显示方式及其显示内容进行管理。

二、实验要求

1. 学会安装 Protel 99SE 软件。
2. 熟悉它的绘图环境,各个功能模块、界面环境以及文件管理的使用方法。

三、实验设备

网络计算机、Protel 99SE 软件。

四、实验内容及步骤

（一）实验内容
1. 熟悉 Protel 99SE 的运行环境,包括所用机器的硬件与软件环境。
2. 学习使用 Protel 99SE,包括进入 Protel 99SE 主程序、菜单操作、工具拦操作及退出等基本操作。
3. 熟悉 Protel 99SE 的绘图环境、各个功能模块、界面环境、文件管理等。
（二）实验步骤
1. 启动 Windows 98/2000/XP 操作环境。
2. 打开目录:"D：\Program Files\Design Explorer 99 SE\Client99SE. exe",执行 Protel 99SE 应用程序,启动 Protel 99SE。
3. 创建一个新的设计数据库文件
步骤:
①【File】|【New】
②单击 Browse 按钮,选择文件的保存位置,确定新建设计数据库的名称,一般 Protel 99SE 默认的文件名为"My design . ddb"。
③单击【OK】就可以创建一个新的设计数据库文件,见图 2 – 1 – 1。
4. 启动原理图编辑器
步骤:
①【File】|【New】。
②单击标有 Schematic Document 的图标→【OK】或直接双击。
③单击 Explore 下的 Sheet1 文件或直接双击工作窗口中的 Sheet1 图标。

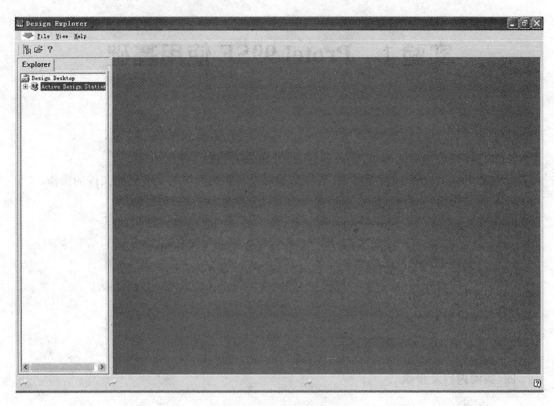

图 2 - 1 - 1　新建设计数据库

5. 启动印制电路板编辑器

步骤：

①【File】|【New】。

②单击标有 PCB Document 的图标→【OK】或直接双击。

③单击 Explore 下的 PCB1 文件或直接双击工作窗口中的 PCB1 图标。

6. 不同编辑器之间的切换

方法：用鼠标单击工作窗口上已打开的标签或者先新建相应的文件，然后双击该文件也可以打开相应的编辑器。

7. 导入、导出文件

步骤：

①向设计数据库中导入外部文档【File】|【Import】。

②向设计数据库外导出文档【File】|【Export】。

五、实例练习

1. 启动 Protel 99SE，在 E 盘新建名为 Exam 的文件夹，并在文件夹中新建名为 Ex1. ddb 的设计数据库文件。

2. 在上题数据库中新建一个名为 poweramp（功率放大器电路）的原理图文件（Schematic Document）、一个名为 poweramp 的印刷电路板文件（PCB Document），并打开。然后将 poweramp. SCH，poweramp. PCB 导出到桌面上。

3. 在 Exam 的文件夹中新建名为 Ex2. ddb 的设计数据库文件,文件类型 Windows File System。

4. 在 Exam 的文件夹中新建名为 Ex3. ddb 的设计数据库文件,文件类型 MS Access Database,观察 Windows File System 及 MS Access Database 两种类型的区别。

5. 在 Exam 的文件夹中新建名为 Ex4. ddb 的设计数据库文件,将步骤 2 中的 poweramp. SCH 和 poweramp. PCB 导入。

实验 2　Protel 99SE 环境设置和原理图编辑

一、实验目的

1. 掌握电路原理图的设计步骤。
2. 掌握 Protel 99SE 电路原理图设计工具,图纸设置的方法。
3. 掌握设置网格、电气节点和光标的方法。
4. 掌握装载元器件库,放置、编辑和调整元器件的方法。

二、实验要求

1. 独立完成。
2. 上机实际操作。

三、实验设备

网络计算机、Protel 99SE 软件。

四、实验内容及步骤

(一)实验内容

1. 熟悉电路原理图的设计步骤。
2. 熟悉电路图设计工具。
3. 练习装载元器件库及编辑和调整元器件。
4. 练习设置网格、电气节点和光标方法。

(二)实验步骤

1. 设置电路图纸(定义工作平面)(见图 2 - 2 - 1)

假设系统已进入原理图编辑器,按以下的要求设置图纸:

①图纸大小:A4 号;

②图纸方向:水平方向放置;

③标题栏样式:标准型标题栏。

具体设置方法如下:执行设置图幅命令。

菜单命令:【Desigh】|【Options】→Document Options 对话框的 Sheet Options 选项卡中。

设置图纸大小:Standard Style

设定图纸方向:Orientation

设置标题栏类型:Title Block

设置自动寻找电气节点:Electrical Grid

设置图纸边框颜色:Border Color

设置工作区颜色:Sheet

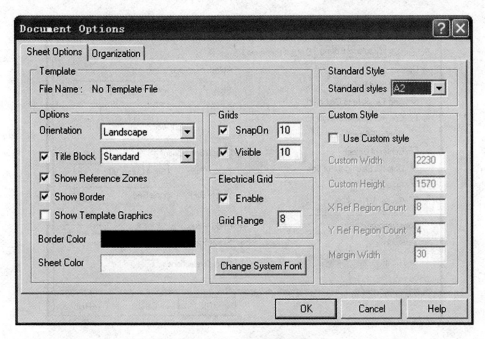

图 2 - 1 - 1　设置电路图纸

2. 原理图参数设置

执行【Tools】|【Preferences】后通过 Schematic 选项卡、Graphical Editing 选项卡和 Default Primitives 选项卡来实现,Schematic 选项卡和 Graphical Editing 选项卡分别如图 2 - 2 - 2 和图 2 - 2 - 3 所示。

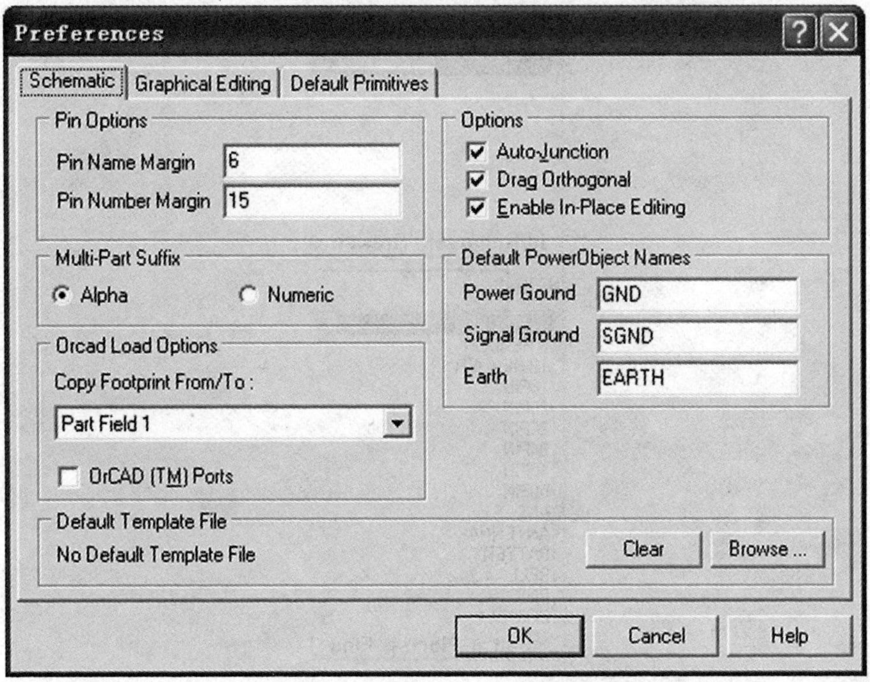

图 2 - 2 - 2　**Schematic 选项卡**

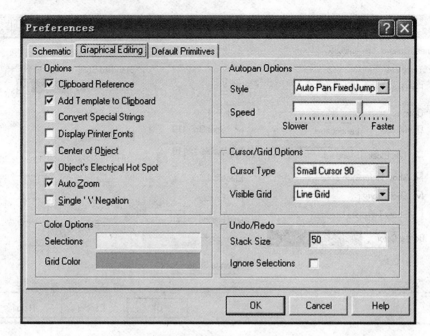

图 2-2-3　Graphical Editing 选项卡

在选项卡的相应位置可以分别设置可视网格、光标样式、字体等内容。

3. 练习装载元器件库(见图 2-2-4)

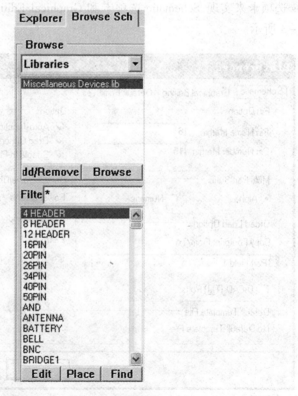

图 2-2-4　元件库管理浏览器

具体步骤如下：

①打开原理图管理浏览器，在打开原理图编辑器的状态下，单击该浏览器顶部的 Browse Sch 标签，可打开元件库管理浏览器窗口。

②单击 Add/Remove 按钮，打开 Change Library File List 对话窗口。

③单击选择所需的库文件，然后单击 ADD 按钮，即可将元件库装载。

五、实例练习

1. 启动 Protel 99SE，在 E 盘新建名为 Exam 的文件夹，并在文件夹中新建名为 Ex1. ddb 的设计数据库文件。在该设计数据库中新建原理图文件，并命名为 LX1. sch。设置图纸大小为 A4，水平放置，工作区颜色为 220 号色，边框颜色为 45 号色。标题栏设置：用"特殊字符串"设置制图者为 Luck、标题为"功率放大器"，字体为华文彩云，颜色为 121 号色。

2. 在 Ex1. ddb 中创建原理图文件，命名为 LX2. sch。自定义图纸大小：宽度为 850、高度为 450，垂直放置，工作区颜色为 299 号色。网格设置：SnapOn 为 10 mil，Visible 为 10 mil。字体设置：系统字体为仿宋体、字号为 8，字形为斜体。可视网格为点状。设置系统字体：将 Use Client System Font For All Dialogs 复选框取消选择。不显示图纸的参考边框，把光标设置成大十字 45 度。

3. 将元件库文件"Miscellaneous Devices. ddb"和"Protel Dos Schematic Libraries. ddb"依次装入。

实验 3 电路元器件的属性编辑

一、实验目的

1. 熟悉原理图绘制工具。
2. 熟悉并逐渐记忆常用元器件所在的元器件库。
3. 熟悉常用元器件编辑、放置与调整的方法。

二、实验要求

1. 独立完成。
2. 上机实际操作。

三、实验设备

网络计算机、Protel 99SE 软件。

四、实验内容及步骤

（一）实验内容
1. 学习元件的基本操作方法。
2. 掌握元件属性的编辑方法。
（二）实验步骤
1. 放置元件
（1）在元件库中选定所需元件，然后放置元件到工作平面上。
（2）菜单命令【place】|【part】
2. 删除元器件
（1）菜单命令【Edit】|【Delete】
（2）当光标变为命令状态后，将光标移到要删除的元件处，单击鼠标左键即可将所指元件删除。此后，程序仍处于删除命令状态，若要退出时单击鼠标右键或按 ESC 键退出命令状态。
3. 元件移动
菜单命令：【Edit】|【Move】|【Move】
上机实例：单独移动一个电阻元件。
步骤：
①执行移动命令；
②点选元件；
③移动元件。
技巧：直接用鼠标左键单击元件，保持左键按下状态（此时光标变为命令状态），移动鼠标即能进行单个元件的移动。

4. 元件的旋转

鼠标左键按住元件时,分别单击【Space】,X 键或 Y 键。

【Space】:每单击一下元件逆时针旋转90°。

X 键:每单击一下使元件左右对调。

Y 键:每单击一下使元件上下对调。

5. 元件的复制/粘贴

步骤:

①点击鼠标左健框选住元件。

②菜单命令:【Edit】|【Copy】,这时鼠标变为命令状态,然后单击需要复制的元件。

③菜单命令:【Edit】|【Paste】,则可以在图纸的任意位置放置一个复制的元件。

6. 编辑元件的属性

上机实例:编辑电阻 RES2 的属性。

步骤:

①用鼠标左键双击元件 RES2;

②在弹出的元件编辑对话框中设置元件的属性,主要包括如下属性。

【LibRef】:元件库中的型号(不允许修改)。

【Footprint】:元件的封装形式,输入"AXAIL0.4"。

【Designator】:元件序号,输入"R1"。

【Part Type】:元件型号或大小,输入"DS80C320"。

【Sheet】:图纸号,暂时不填。

【Part】:功能块序号,此项属性用于含有多个相同功能块的元件。

③设置结束后,单击 OK 按钮即可。

五、实例练习

1. 新建 Ex3.sch 原理图文件,从已有的元器件库中找到下列元件,然后放置到 Ex3.sch 图纸上,并按图 2-3-1 所示重新命名。

2. 在练习1的基础上,①选择 10K 电阻,复制并粘贴该电阻,然后取消选择;

②删除二极管,并用恢复按钮将二极管恢复;

③删除三极管;

④删除电容,然后粘贴该电容;

⑤用鼠标选择几个元件,然后删除这些被选择的元件;

⑥将该电路图存盘。

3. 试分别关闭和开启电气捕捉栅格功能,观察电气栅格在连线时具有的作用。

4. 试分别关闭和开启电气连接点功能,观察画"丁"字形连线时的区别。

5. 放置网络标记,试更改字型和字号,并连续放置 D1-D9 九个网络标签。

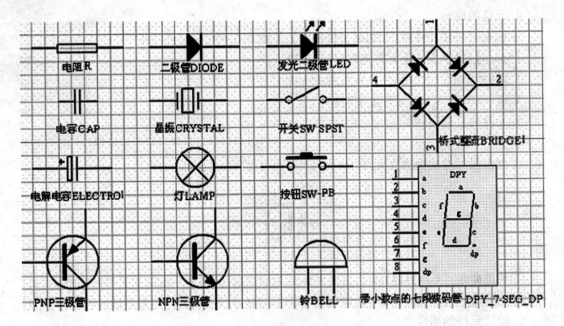

图 2-3-1　练习编辑元件

6. 选取电源和地线工具,试更改它们的形状和标记。

实验4　简单电路原理图设计

一、实验目的

1. 掌握利用 Protel 99SE 进行电路原理图设计的一般步骤。

2. 掌握原理图编辑器中对图纸的设置,对电路图的大小、网格、光标、对象系统字体的设置方法。

3. 掌握绘制原理图的基本方法,能绘制比较简单的电路原理图。

二、实验要求

1. 独立完成。

2. 设计步骤符合标准规范。

三、实验设备

网络计算机、Protel 99SE 软件。

四、实验内容及步骤

(一)实验内容

1. 在原理图文件 Ex3. sch 中,练习打开及关闭以下工具栏:

主工具栏:　　　　　【View】|【Toolbars】|【Main Tools】

布线工具栏:　　　　【View】|【Toolbars】|【Wiring Tools】

绘图工具栏:　　　　【View】|【Toolbars】|【Drawing Tools】

电源及接地工具栏:【View】|【Toolbars】|【Power Objects】

常用器件工具栏:　【View】|【Toolbars】|【Digital Objects】

2. 利用菜单命令和键盘功能键放大及缩小原理图。

放大窗口的显示比例(与 PgUp 键功能相同)【View】|【Zoom in】

缩小窗口的显示比例(与 PgDn 键功能相同)【View】|【Zoom out】

3. 绘制出图 2 – 4 – 1 所示的电路图

(二)实验步骤:

1. 启动 Protel 99 SE,新建一个设计数据库文件,名称定为"班级姓名. ddb"。

2. 启动电路原理图编辑器,新建一个原理图文件,命名为"姓名. sch"。

3. 先分析电路图中所有元器件的属性,装入元器件库 Sim. ddb、Miscellaneous Devices. ddb 和 Protel DOS Schematic Libraries. ddb。

4. 然后按照样图 2 – 4 – 1 把所有元器件和端口放置到电路原理图纸上,调整各元件的位置,用导线连接,启动"自动搜索电气节点"功能,启动"自动节点放置"功能。编辑导线,调整导线长短。

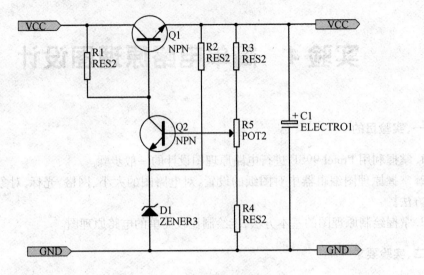

图 2 - 4 - 1　电路原理样图

5.按照图 2 - 4 - 1 所示,在相应位置添加端口,并连接所有的连线。

6.保存电路图。

实验 5　电气规则检验和生成报表实验

一、实验目的

1. 通过实例熟悉电气规则检查和生成各种报表的方法。
2. 掌握具体网络表的生成方法。

二、实验要求

1. 先绘制电路原理图。
2. 设置具体的电气检测规则。
3. 生成各种表格。

三、实验设备

网络计算机、Protel 99SE 软件。

四、实验内容及步骤

（一）实验内容

1. 绘制电路原理图。

2. 对绘制好的电路原理图,设置电气测试规则,产生 ERC 报表,然后生成网络表,元器件列表和交叉参考表等。

（二）实验步骤

1. 启动 Protel 99SE,新建一个设计数据库文件,新建的文件名称定为"姓名.ddb"。在刚建的设计数据库中,新建原理图文件"姓名.ddb"。

2. 按样图,如图 2 - 5 - 1 所示绘制电路原理图。

3. 设置电气测试规则,即产生 ERC 表的各种选项。注意 Setup 和 Rule Matrix 两个选项卡的设置。

4. 执行【Tools】|【ERC】,产生 ERC 报表,如图 2 - 5 - 2 所示。

5. 执行【Design】|【Create Netlist】,产生网络表,如图 2 - 5 - 3 所示(截取一部分网络表)。

6. 执行【Report】|【Cross Reference】,产生交叉参考表,如图 2 - 5 - 4 所示。

注意:在进行 ERC 电气规则检查时,当必须进行某项电气规则设置(如输入输出)引脚悬空,而又要避免对原理图中的正确之处误报时,在明显正确而又会产生误报之处可以放置 NO REC 符号。菜单命令:【Place】|【Pirectives】|【NO ERC】或使用工具栏

中的 ✗ 按钮。

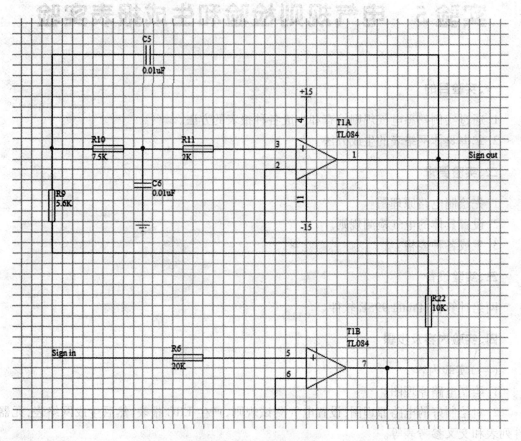

图 2 −5 −1 电路原理样图

```
Error Report For : Documents\name.Sch    9-Aug-2003  13:02:35

End Report
```

图 2 −5 −2 ERC 报表

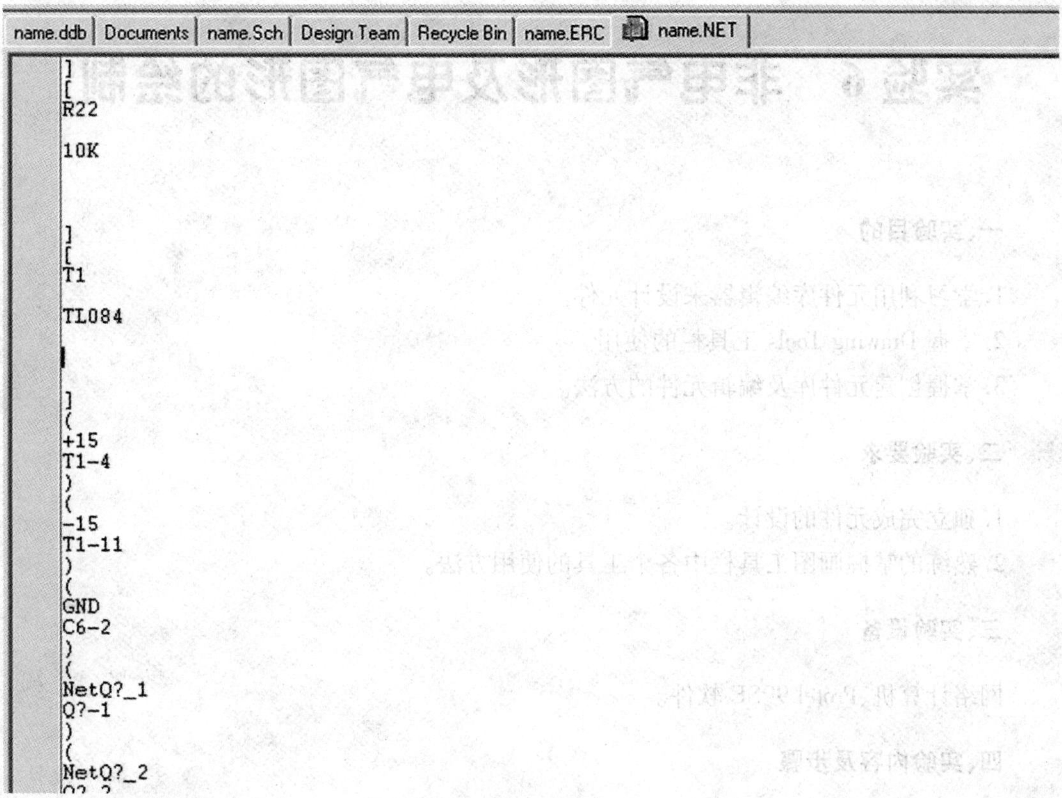

name.ddb	Documents	name.Sch	Design Team	Recycle Bin	name.ERC	📄 name.NET

```
]
[
R22

10K


]
[
T1

TL084


]
(
+15
T1-4
)
(
-15
T1-11
)
(
GND
C6-2
)
(
NetQ?_1
Q?-1
)
(
NetQ?_2
Q?_2
```

图 2 - 5 - 3　网络表

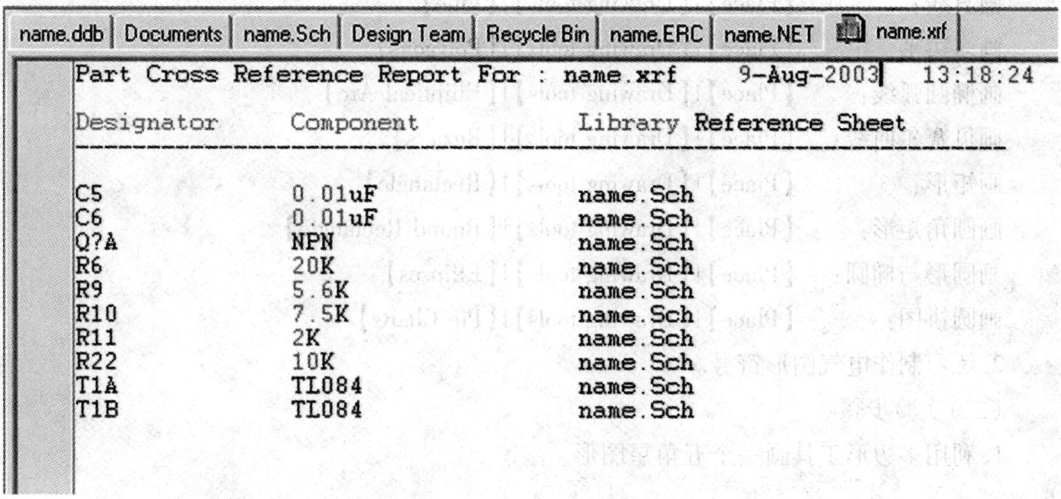

name.ddb	Documents	name.Sch	Design Team	Recycle Bin	name.ERC	name.NET	📄 name.xrf

```
Part Cross Reference Report For : name.xrf    9-Aug-2003   13:18:24

Designator       Component            Library Reference Sheet


C5               0.01uF               name.Sch
C6               0.01uF               name.Sch
Q?A              NPN                  name.Sch
R6               20K                  name.Sch
R9               5.6K                 name.Sch
R10              7.5K                 name.Sch
R11              2K                   name.Sch
R22              10K                  name.Sch
T1A              TL084                name.Sch
T1B              TL084                name.Sch
```

图 2 - 5 - 4　交叉参考表

实验6　非电气图形及电气图形的绘制

一、实验目的

1. 学习利用元件库编辑器来设计元件。
2. 掌握 Drawing Tools 工具栏的使用。
3. 掌握创建元件库及编辑元件的方法。

二、实验要求

1. 独立完成元件的设计。
2. 熟练的掌握画图工具栏中各个工具的使用方法。

三、实验设备

网络计算机、Protel 99SE 软件。

四、实验内容及步骤

(一)实验内容

1. 练习基本图形绘制工具的打开及关闭。

画直线：　　　　　　【Place】|【Drawing tools】|【Line】

画多边形：　　　　　【Place】|【Drawing tools】|【Polygons】

画椭圆弧线：　　　　【Place】|【Drawing tools】|【Elliptical Arc】

画贝赛尔曲线：　　　【Place】|【Drawing tools】|【Beziers】

画矩形：　　　　　　【Place】|【Drawing tools】|【Rectangle】

画圆角矩形：　　　　【Place】|【Drawing tools】|【Round Rectangle】

画圆形与椭圆：　　　【Place】|【Drawing tools】|【Ellipses】

画圆饼图：　　　　　【Place】|【Drawing tools】|【Pie Charts】

2. 练习制作电气图形符号。

(二)实验步骤

1. 利用多边形工具画一个五角星图形。

2.利用贝赛尔曲线画一正弦波,如图2-6-1所示。

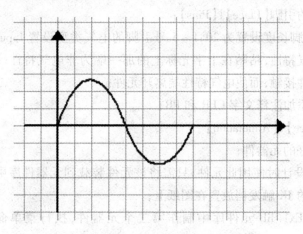

图2-6-1 正弦波

3.利用画椭圆弧线画半圆。

4.电气图形符号的制作:以制作一个 JK 触发器为例,如图2-6-2所示。

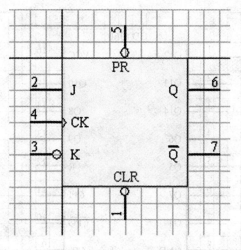

图2-6-2 JK 触发器

步骤:
①新建 Ex1. lib 元件库;
②命名新元件 JK 触发器;
菜单命令:【Tools】|【Remane Component】
③单击命令【View】|【Zoom In】|【Page Up】将元器件绘图页的四个象限中心点处放大到足够程度,一般元器件均在第四象限制作,而象限交点即为元器件基准点。

④绘制矩形框;

⑤绘制元器件的引脚【Place】|【Pins】;

⑥编辑引脚,引脚长度设置为20,1~5 号引脚的电气类型设置 Input,6、7 为 Output,引脚只有一端具有电气特性,粘贴在十字光标上的那一端为非电气特性端,放置引脚时需使非电气特性端与元件接触,而使电气特性端离开元件;

⑥向 1、5 引脚添加注释文字 CLR 和 PR;

菜单命令:【Place】|【Annotation】

⑦保存已绘制好的元器件;

⑧想在原理图设计时使用此元件,只需将该元件装载到元器件库中,按放置元件的方法就可以将制作好的 JK 触发器放置在图纸上;

⑨若需要在该 Ex1. lib 元件库中制作第二个元器件,执行菜单命令【Tools】|【New Component】即可。

注意:如果该元件为复合封装的,执行菜单命令【Tools】|【New Part】,向该元件添加绘制封装的其他部分;一张图纸只能做一个元器件。

五、实例练习

1.试建立元件库并画出如图 2-6-3 所示的元件。该元件为 14 级二进制计数/分频器 CD4060。CD4060 管脚说明见表 2-6-1。

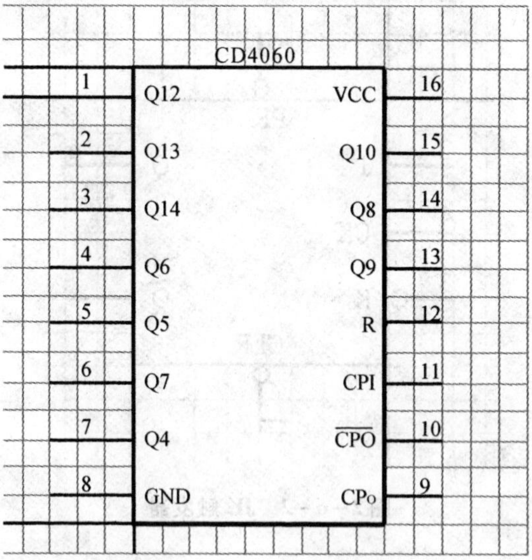

图 2-6-3   CD4060 芯片

表 2-6-1　CD4060 管脚说明

引脚编号	引脚名称	电气特性	显示状态
1	Q12	Output	显示
2	Q13	Output	显示
3	Q14	Output	显示
4	Q6	Output	显示
5	Q5	Output	显示
6	Q7	Output	显示
7	Q4	Output	显示
8	GND	Power	显示
9	CPO	Input	显示
10	CPO	Input	显示
11	CPI	Input	显示
12	R	Input	显示
13	Q9	Output	显示
14	Q8	Output	显示
15	Q10	Output	显示
16	VCC	Power	显示

2. 试画出如图 2-6-4 所示的电路原理图。

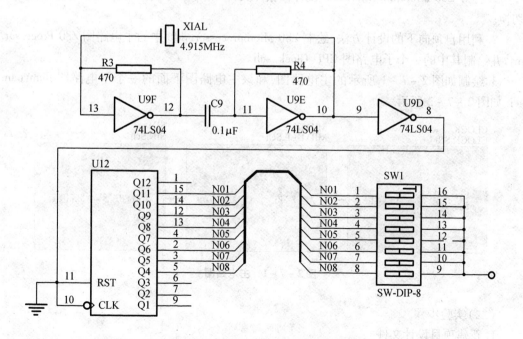

图 2-6-4　本实验的电路原理图

实验 7　层次原理图设计

一、实验目的

1. 掌握层次原理图的概念及其设计方法。
2. 掌握自顶向下和自底向上的层次原理图设计方法。
3. 掌握层次原理图的浏览方法,和主电路图与子电路图之间的切换。

二、实验要求

1. 独立完成。
2. 掌握"自上而下"设计层次原理图的方法。
3. 掌握"自下而上"设计层次原理图的方法。

三、实验设备

网络计算机、Protel 99SE 软件。

四、实验内容及步骤

(一)实验内容

1. 打开 Z80 Microprocessor. ddb 设计数据库文件,练习在方块图电路和子电路图之间的切换。

2. 利用自顶向下的设计方法,绘制 Z80 Microprocessor. ddb 中的主电路图 Z80 Processor. prj,并绘制其中的一个子电路图 CPU Clock. sch。

3. 绘制如图 2 − 7 − 1 所示的主电路图,和该主电路图下面的一个子电路图 dianyuan. sch 如图 2 − 7 − 2 所示。

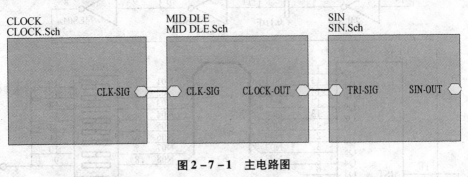

图 2 − 7 − 1　主电路图

(二)实验步骤

1. 新建项目设计文件

①新建项目设计文件;

②编辑顶层文件的各电路方块图;

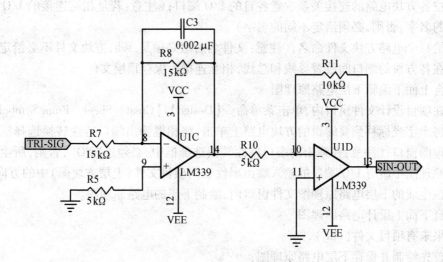

图 2 - 7 - 2 子电路图

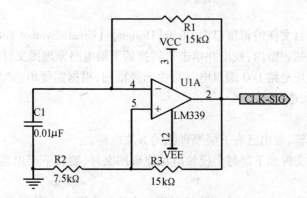

图 2 - 7 - 3 子电路图

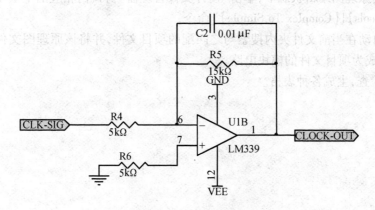

图 2 - 7 - 4 子电路图

③按各方块电路的连接关系放置各自的 I/O 端口；（注意：若是相互连接的 I/O 端口给定相同的名字，否则，必须给定不同的名字）

④给每个电路方块文件命名；（注意：文件名后缀必须是.sch，方块文件不必给定路径）

⑤在各方块的端口间放置导线和总线，相互连接后保存顶层文件。

2. 自上而下编辑下层电路原理图

①在项目设计文件窗口内，单击菜单命令【Design】|【Creat　Sheet　From Symbcl】；

②将十字光标移到要编辑的方块电路上单击，将相继弹出端口特性转换选择框和下层电路原理图窗口；（注意：在弹出的端口特性转换选择框中，必须选"NO"，否则，所生成的下层电路原理图中所有 I/O 端口的输入输出属性会同项目文件（上层方块图）中的方向相反）

③在生成的下层电路原理图文件窗口内，绘制下层的电路原理图。

3. 自下而上设计电路原理图

如果未有项目文件(.prj)，则：

①首先绘制并保存下层电路原理图；

②新建空白原理图文档：【File】|【new】|【schematic Document】，并保存为.prj 文件；

③在"设计文件管理器"中，单击新生成的项目文件.prj。切换至项目文件原理图编辑状态；

④在空白的项目文件编辑窗口内，单击【Design】|【Create Symbol Form Sheet】命令，在下层电路原理图文件列表窗内，找出并单击待转换的下层电路原理图文件；

⑤在弹出的方块电路 I/O 端口电气特性选择框内，根据需要单击"Yes"或"No"；（一般不改变电气特性，故选"No"）

⑥修改属性；

⑦重复以上步骤，画出已有下层原理图的方块电路。

如果已有项目文件和下层每个模块电路原理图文件，要将下层电路原理图文件纳入项目文件中，则：

①打开项目文件.prj，在方块电路编辑窗口内绘制电路方块图；

②将各电路方块文件命名为与已有下层模块电路原理图文件名相同的名字(.sch)；

③在电路原理图编辑状态下，单击"设计文件管理器"窗口内相应的下层模块电路文件名。执行"【Tools】|【Complex To Simple】"命令；

④系统自动在当前文件夹内搜索与之匹配的项目文件，并将该原理图文件(.sch)置于项目文件下，成为项目文件的模块电路。

4. ERC 检查，生成各种表格。

实验 8　Protel 99SE 印制电路板设计入门

一、实验目的

1. 熟悉印制电路板图的设计过程。
2. 掌握具体电路板图的设计方法。

二、实验要求

1. 做实验前先预习印制电路板的概念及电路板分层的概念。
2. 实验完毕后讨论操作过程中遇到的问题。

三、实验设备

网络计算机,Protel 99SE 软件。

四、实验内容及步骤

(一)实验内容

1. 练习 PCB 板设计前的各项准备工作。
2. 掌握电路板图件的放置及属性编辑。

(二)实验步骤

1. PCB 编辑器的使用

①英制/公制的转换,英制(mil)、公制(mm)。

菜单命令:【View】|【Toggle Unites】,快捷键:Q。

②当前坐标原点的设置

在编辑区的任意位置设置新原点:【Edit】|【Orgin】|【Set】;

撤销所设置的相对原点并恢复绝对原点:【Edit】|【Orgin】|【Reset】。

2. 绘制电路板边框

①设置相对原点;

②切换当前层为禁止布线层;

③使用【Place】|【Track】命令将光标移到坐标原点(0,0)处,以原点为起点开始画线,分别画到坐标(X,0)、(X,Y)、(0,Y)后回到原点。

3. 使用 PCB 向导规划电路板

4. 设置电路板工作层

①执行菜单命令:【Design】|【Options】;

②在对话框中打开 Layers 选项卡,若每一个工作层前的复选框中有符号"√",则表明该工作层已经打开 ,单击"All Off"时,所有层处于关闭状态,单击"All On"所有层处于打开状态;

③Option 标签选项包括栅格设置(Snap),电气栅格设置(Electrical),计量单位设置等。

5. PCB 电路板参数设置

执行菜单命令：【Tootls】|【Preference】

6. 电路板图件的放置：

放置导线：【Place】|【Track】，在导线属性对话框中修改导线的宽度和所在的层，观察显示的结果，并对一条已放置的导线进行移动和拆分的操作。

放置圆弧：【Place】|【Arc】，比较放置三种圆弧和一种圆的方法。

放置焊盘：【Place】|【Pad】，在放置时，注意焊盘编号的变化并设置焊盘的形状等属性。

放置导孔：【Place】|【Via】，仔细观察焊盘与过孔的区别，注意过孔与焊盘所在层有何不同。

放置多边形覆铜：【Place】|【Polygon Plane】。

放置矩形填充块：【Place】|【Fill】，比较多边形平面填充和矩形填充的区别。

放置字符串：【Place】|【String】，并对字符串的内容、大小、旋转角度等参数进行设置。

放置坐标：【Place】|【Coordinate】。

五、实例练习

1. 通过打开一个已存在的 PCB 文件和新建一个 PCB 文件两种方法，进入 PCB 编辑器。

2. 打开系统 Examples 文件夹中的 4 Port Serial Interface. ddb 下的 4 Port Serial Interface Board. pcb 文件，观察该印刷电路板有哪些层？

3. 打开一个 PCB 文件，在工作窗口按住鼠标右键，光标是不是变成手形？移动它，工作窗口有何变化？

4. 设置度量单位为公制，设置水平、垂直捕捉栅格和水平、垂直元件栅格依次为 20 mil, 20 mil, 25 mil, 25 mil, 电器栅格为 10 mil。设置旋转角度为 30 度，设置底层丝印层的颜色为 100 号色，设置尺寸线为"简单显示"，其余为"精细显示"，设置显示焊盘网络名称和焊点序号。

5. 设置与组件连接的导线会随组件的移动而一起伸缩；设置转换特殊字符串功能，设置只显示当前板层。

6. 设置操作撤消次数为 50 次，设置光标类型：Large 90。

7. 定义一块宽为 1 800 mil, 长为 2 000 mil 的单层电路板，要求在禁止布线层和机械层画出板子的电气边界和物理边界，在机械层标注尺寸。

实验 9 印制电路板设计(一)

一、实验目的

1. 掌握印制电路板的规划和电气定义。
2. 掌握装载封装库的方法。
3. 掌握电路板的自动布线。

二、实验要求

1. 做实验前先预习印制电路板的绘制流程。
2. 实验完毕后讨论操作过程中遇到的问题。

三、实验设备

网络计算机、Protel 99SE 软件。

四、实验内容及步骤

(一)实验内容

1. 印制电路板设计的准备。
2. 根据样图进行印制电路板设计。

(二)实验步骤

1. 练习在 PCB 编辑器中,加载 Advpcb. ddb 和 PCB Footprints. lib 元件封装库,并从中选择电阻封装(AXIAL0. 3),电容封装(RAD0. 1 和 RB. 2/. 4),二极管封装(Diode0. 4)、三极管封装(To - 126),连接器封装(SIP2),可变电阻封装(VR1),石英晶体封装(XTAL1),集成电路元件封装(DIP16),把这些封装放置到电路板图上观察,同时理解 PCB 中的元件与原理图中元件概念的不同。

2. 练习装入网络表的命令

菜单命令:【Design】|【Load Netlist】

3. 练习手动布局、自动布线的命令

菜单命令:【Auto Place】|【All】

五、实例练习:

1. 据图 2 - 9 - 1 所示电路原理图,手工绘制一块单层电路板图。电路板长 1 450 mil,宽 1 140 mil。根据表 2 - 9 - 1 提供的元件封装并参照图 2 - 9 - 2 进行手工布局,其中按钮 S、电源和扬声器 SP 等元件要外接,需在电路板上放置焊盘。布局后在底层进行自动布线。布线结束后,进行字符调整,并为按钮、电源和扬声器添加标识字符。

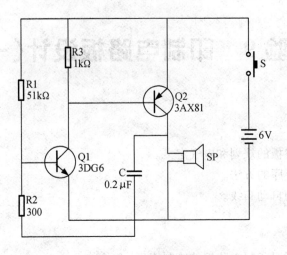

图 2-9-1　电路原理图

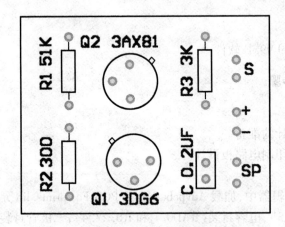

图 2-9-2　参考布局图

表 2-9-1　所属元件一览表

元件名称	元件标号	元件所属 SCH 库	元件封装	元件所属 PCB 库
RES2	R1	Miscellaneous Devices. ddb	AXIAL0. 4	Advpcb. ddb
RES2	R2	Miscellaneous Devices. ddb	AXIAL0. 4	Advpcb. ddb
RES3	R3	Miscellaneous Devices. ddb	AXIAL0. 4	Advpcb. ddb
CAP	C	Miscellaneous Devices. ddb	RAD0. 1	Advpcb. ddb
NPN	Q1	Miscellaneous Devices. ddb	TO-5	Advpcb. ddb
PNP	Q2	Miscellaneous Devices. ddb	TO-5	Advpcb. ddb

具体步骤如下：

①启动 Protel 99SE 软件,新建一个设计数据库。

②启动原理图编辑器,绘制图 2-9-1 所示的原理图。

③进行电气规则检查,无误后,生成网络表。

④启动印制电路板图编辑器,新建一个PCB文件。

⑤按上述要求规划电路板。

⑥加载网络表,确认无误后,生成印制电路板图。

⑦按照上图手工调整布局。

⑧自动布线。

实验 10 制作元器件封装

一、实验目的

1. 熟悉元器件封装编辑器。
2. 掌握如何制作新的元器件封装。

二、实验要求

1. 通过手工方式和系统内置的向导,掌握新元件封装的制作方法与操作步骤。
2. 掌握 SCH 元件与对应的 PCB 元件的引脚编号不一致问题的解决方法。

三、实验设备

网络计算机,Protel 99SE 软件。

四、实验内容及步骤

(一)实验内容

1. 练习建立一个新的元器件封装库作为自己的专用库,元器件库的文件名为 PCBLIB. LIB,并把下面要创建的新元器件封装放置到该元器件库中。
2. 利用 Protel 99 SE 提供的工具,按照实际的尺寸绘制元器件封装。
3. 练习元器件封装参数设置。

(二)实验步骤

1. 放置焊盘,并对焊盘进行属性编辑

执行菜单命令:【Place】|【Pad】,在放置焊盘时,按 Tab 键进入焊盘属性对话框,设置焊盘的属性。如图 2 – 10 – 1 所示。

2. 利用 Protel 99SE 提供的工具绘制元件封装的轮廓线,

3. 练习对元件封装重命名。

4. 练习设置元器件封装的参考点。

执行菜单命令:【Edit】|【Set Reference】

Pin1 命令:设置引脚 1 为元器件的参考点;

Center 命令:将元器件的几何中心作为元器件的参考点;

Location 命令:表示由用户选择一个位置作为元器件的参考点。

五、实例练习

1. 请绘制出如图 2 – 10 – 2 的元件封装,要求焊盘的直径为 60 mil,孔径为 30 mil,一号焊盘为方形焊盘,焊盘之间的垂直距离为 100 mil,水平距离为 300 mil。

步骤如下:

①首先执行【Place】|【Pad】菜单命令放置焊盘。

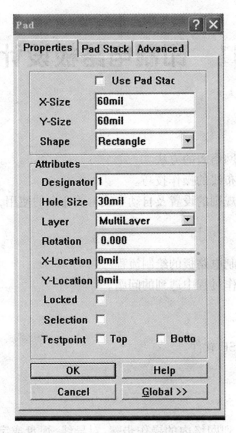

图 2 - 10 - 1　焊盘属性对话框

②在放置焊盘时,先进入焊盘属性对话框设置焊盘的属性,这里 1 号焊盘的形状设置可以在 Shape 编辑框中选定 rectangle(方形)选项。

③按照同样的方法,再根据元器件引脚之间的实际间距将其设定为垂直距离为 100 mil,水平距离为 300 mil,1 号焊盘放置于 (0,0)点,并相应放置其他焊盘。

④根据实际需要,设置焊盘的实际参数,将焊盘的 X - Size, Y - Size(直径)设置为 60mil,焊盘的 Hole Size(孔径)设置为 30 mil。

⑤将工作层面切换到顶层丝印层,即 TopOverlay 层,然后执行菜单命令【Place】|【Track】来绘制元器件的外形轮廓线。左上角坐标为(50,50),右下角坐标为(250, - 650),上端开口的坐标分别为(125,50)和(175,50)。

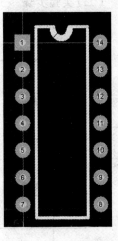

图 2 - 10 - 2　元件封装

⑥执行菜单命令【Place】|【Arc】,在外形轮廓上绘制圆弧。

⑦绘制完成后,单击元器件封装管理器左边的 Rename 按钮,为新创建的元器件封装重新命名,这里命名为 Amplif - 14。

⑧重命名以及保存文件后,该元器件封装就创建成功了,以后调用时就可以作为一个块处理。

⑨最后执行菜单命令【File】|【Save】,将新建的元器件保存。

实验 11　印制电路板设计(二)

一、实验目的

1. 掌握由原理图生成网络表的方法。
2. 掌握几种手工调整布线的操作技巧。
3. 重点掌握自动布线规则的设置及自动布线有关命令的使用,理解 DRC 校验的功能。

二、实验要求

1. 做实验前先预习印制电路板的绘制流程。
2. 实验完毕后讨论操作过程中遇到的问题。

三、实验设备

网络计算机,Protel 99SE 软件。

四、实验内容及步骤

(一)实验内容

如将焊盘或元件接入到网络内的操作步骤,对导线、焊盘或字符串进行全局编辑的操作方法等

(二)实验步骤

1. 稳压电路如图 2 - 11 - 1 所示,试设计该电路的电路板。

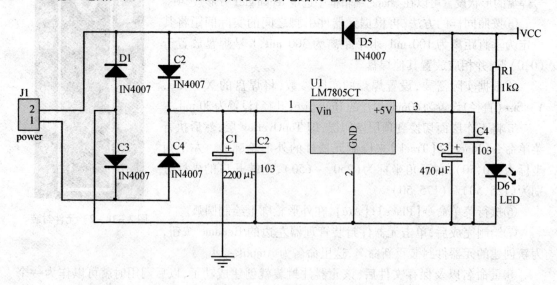

图 2 - 11 - 1　电路原理图

设计要求：

(1)按电路图 2 – 11 – 1 画出原理图电路,元件参数见参数表 2 – 11 – 1。

表 2 – 11 – 1　元器件参数表

	A	B	C	D
1	Part Type	Designator	Footprint	Description
2	1K	R1	AXIAL0.3	
3	103	C2	RAD0.2	Capacitor
4	103	C4	RAD0.2	Capacitor
5	470u	C3	470U	Electrolytic Capacitor
6	2200u	C1	2200U	Electrolytic Capacitor
7	IN4007	D5	DIODE	Diode
8	IN4007	D2	DIODE	Diode
9	IN4007	D1	DIODE	Diode
10	IN4007	D3	DIODE	Diode
11	IN4007	D4	DIODE	Diode
12	LED	D6	CLED	
13	LM7805CT	U1	LM7805CT	
14	Power	J1	SIP2	Connector

(2)使用单层电路板,在电路板中网络地(GND)的线宽选 1 mm,netj1 – 1 与 netj1 – 2 线宽选 1 mm,电源网络(VCC)的线宽选 0.8 mm,其余线宽均采用缺省设置(0.3 mm),最小安全间距为 12 mil。

(3)先自动布线,见自动布线参考电路板图 2 – 11 – 2,再手工调整,见手工调整布线参考电路板图 2 – 11 – 3。

(4)在电路板上铺铜,要求栅格为 30mil,铜膜线宽度为 8mil,铺铜层为底层,铺铜网线形式为 45 度,使用八角形状环绕焊盘。

(5)电路板设计完成后应进行 DRC 检测,并根据报告的错误提示进行调整,直到无错误为止。

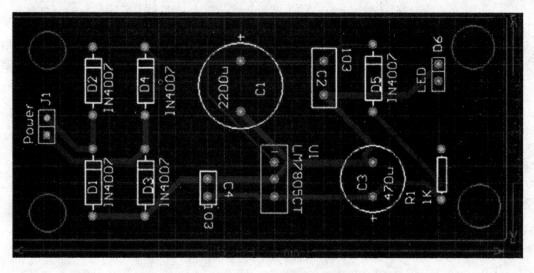

图 2 – 11 – 2　自动布线参考图

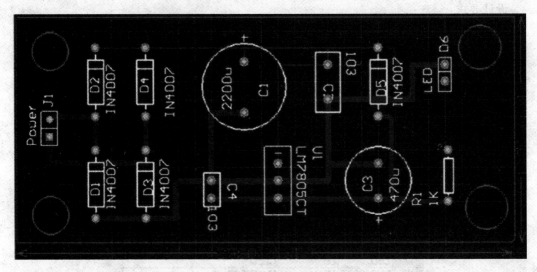

图 2 –11 –3　手动调整后

五、实例练习

1. 将前几章练习的电路原理图制做相应的印制电路板图。

图 2-1 为集成块 AD 转换电路 ……有机会 79SE。

R4100. 电容 C2、C3 的封装采用 RB. 3. 5。其余 C 的……集成电路块 IC5。4。电容 C6

……自动生成 DT RAYD. 3 的… 集成电路块 CIP2。二极管的封装均用 DIODE1D……跟跟当 的 U12

……实现二极管的……图置以下……

实验 12　Protel 99SE 综合设计实验

一、实验目的

1. 熟练掌握电路原理图的设计方法,能快速准确的画出电路原理图。
2. 熟练掌握印制电路板的设计流程。

二、实验要求

1. 做实验前对本科所学内容进行系统的复习。
2. 实验完毕后讨论操作过程中遇到的问题。

三、实验设备

网络计算机,Protel 99SE 软件。

四、实验内容及步骤

(一)实验内容

1. 绘制电路原理图。
2. 制作印制电路板。

(二)实验步骤

图 2-12-1 为电话监控器电路原理图。请根据电路原理图自行绘制出印刷电路板图。电路板为矩形,长 2 000 mil ,宽 2 000 mil ,双层板设计,自动布线。在自动设计规则中,设置所有网络的走线线宽都为 30 mil 。电阻的封装采用 AXIAL0.4 ,电容 C1 的封装采用

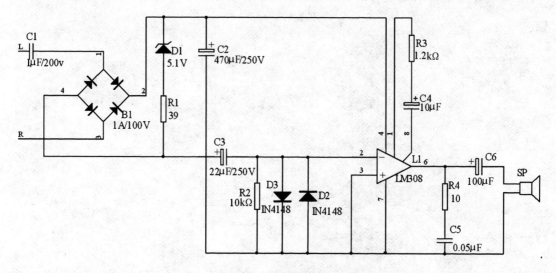

图 2-12-1　电话监控器电路原理图

RAD0.4，电容 C2 、C3 的封装采用 RB. 3/. 6，电容 C4 、C6 的封装采用 RB. 2/. 4，电容 C5 的封装采用 RAD0.2，扬声器封装采用 SIP2，二极管的封装采用 DIODE0.4，集成电路的封装采用 DIP8。放置两个焊盘，作为输入信号的引入端，并把它们接入相应的网络中。请特别注意二极管元件的管脚编号不一致问题，要求在 PCB 元件编辑器中，对二极管的封装进行修改。

第三部分

Protel 99SE 附录部分

附录1　Protel 99SE 的电路原理图元件库清单

序号	库文件名	元件库说明
1	Actel User Programmable. ddb	Actel 公司可编程器件库
2	Allegro IntegratedCircuits. ddb	Allegro 公司的集成电路库
3	Altera Asic. ddb	Alera 公司 ASIC 系列集成电路库
4	Altera Interface. ddb	Altera 公司接口集成电路库
5	Altera Peripheral. ddb	Altera 公司外围集成电路库
6	Altera Memory. ddb	Altera 公司存储器集成电路库
7	AMD Analog. ddb	AMD 公司模拟集成电路库
8	AMD Asic. ddb	AMD 公司 ASIC 集成电路库
9	AMD Converter. ddb	AMD 公司转换器集成电路库
10	AMD Interface. ddb	AMD 公司接口集成电路库
11	AMD Logic. ddb	AMD 公司逻辑集成电路库
12	AMD Memory. ddb	AMD 公司存储器集成电路库
13	AMD Microcontroller. ddb	AMD 公司微控制器集成电路库
14	AMD Microprocessor. ddb	AMD 公司微处理器集成电路库
15	AMD Miscellaneous. ddb	AMD 公司杂合集成电路库
16	AMD Peripheral. ddb	AMD 公司外围集成电路库
17	AMD Telecommunication. ddb	AMD 公司通信集成电路库
18	Analog Devices . ddb	AD 公司集成电路库
19	Ateml Programmable. ddb	Atmel 公司可编程逻辑器件库
20	Burr Brown Analog. ddb	Burr Brown 公司(现属 TI 公司)模拟集成电路库
21	Burr Brown Converter. ddb	Burr Brown 公司转换器集成电路库
22	Burr Brown Industrial. ddb	Burr Brown 公司工业电路库
23	Burr Brown Interface. ddb	Burr Brown 公司接口集成电路库
24	Burr Brown Oscillator. ddb	Burr Brown 公司振荡器集成电路库
25	Burr Brown Peripheral. ddb	Burr Brown 公司外围集成电路库
26	Burr Brown Telecommunication. ddb	Burr Brown 公司通信集成电路库
27	Dallas Analog . ddb	Dallas 公司(现属 Maxim 公司)模拟集成电路库
28	Dallas Consumer. ddb	Dallas 公司消费类集成电路库
29	Dallas Converter. ddb	Dallas 公司转换器集成电路库
30	Dallas Interface. ddb	Dallas 公司接口集成电路库
31	Dallas Logic. ddb	Dallas 公司逻辑集成电路库

附录 1（续）

序号	库文件名	元件库说明
32	Dallas Memory. ddb	Dallas 公司存储器集成电路库
33	Dallas Microprocessor. ddb	Dallas 公司微处理器集成电路库
34	Dallas Miscellaneous. ddb	Dallas 公司杂合集成电路库
35	Dallas Telecommunication. ddb	Dallas 公司通信集成电路库
36	Elantec Analog . ddb	Elantec 公司模拟集成电路库
37	Elantec Consumer. ddb	Elantec 公司消费类集成电路库
38	Elantec Interface. ddb	Elantec 公司接口集成电路库
39	Elantec Industrial. ddb	Elantec 公司工业集成电路库
40	Gennum Analog. ddb	Gennum 公司模拟集成电路库
41	Gennum Consumer. ddb	Gennum 公司消费类集成电路库
42	Gennum Converter. ddb	Gennum 公司转换器集成电路库
43	Gennum DSP. ddb	Gennum 公司 DSP 集成电路库
44	Gennum Interface. ddb	Gennum 公司接口集成电路库
45	Gennum Miscellaneous. ddb	Gennum 公司杂合集成电路库
46	HP – Eesof. ddb	HP 公司 EEsoft 软件库
47	Intel Databooks. ddb	Intel 公司数据手册中的集成电路库
48	International Rectifier. ddb	整流类器件库
49	Lattice. ddb	Lattice 公司器件库
50	Lucent Analog . ddb	Lucent 公司模拟集成电路库
51	Lucent Asic. ddb	Lucent 公司 ASIC 集成电路库
52	Lucent Consumer. ddb	Lucent 公司消费类集成电路库
53	Lucent Converter. ddb	Lucent 公司转换器集成电路库
54	Lucent DSP. ddb	Lucent 公司 DSP 集成电路库
55	Lucent Industrial. ddb	Lucent 公司工业集成电路库
56	Lucent Interface. ddb	Lucent 公司接口集成电路库
57	Lucent Logic. ddb	Lucent 公司逻辑集成电路库
58	Lucent Memory. ddb	Lucent 公司存储器集成电路库
59	Lucent Miscellaneous. ddb	Lucent 公司杂合集成电路库
60	Lucent Oscillator. ddb	Lucent 公司振荡器集成电路库
61	Lucent Peripheral. ddb	Lucent 公司外围集成电路库
62	Lucent Telecommunication. ddb	Lucent 公司通信集成电路库
63	Maxim Analog. ddb	Maxim（美信）公司模拟集成电路库
64	Maxim Interface. ddb	Maxim 公司接口集成电路库
65	Maxim Miscellaneous. ddb	Maxim 公司杂合集成电路库

附录1（续）

序号	库文件名	元件库说明
66	Microchip. ddb	Microchip 公司集成电路库
67	Miscellaneous Device. ddb	各类通用元件库
68	Mitel Analog. ddb	Mitel 公司模拟集成电路库
69	Mitel Interface. ddb	Mitel 公司接口集成电路库
70	Mitel Logic. ddb	Mitel 公司逻辑集成电路库
71	Mitel Peripheral. ddb	Mitel 公司外围集成电路库
72	Mitel Telecommunication. ddb	Mitel 公司通信集成电路库
73	Motorola Analog. ddb	Motorola 公司模拟集成电路库
74	Motorola Consumer. ddb	Motorola 公司消费类集成电路库
75	Motorola Converter. ddb	Motorola 公司转换器集成电路库
76	Motorola Databooks. ddb	Motorola 公司数据手册提供的集成电路库
77	Motorola DSP. ddb	Motorola 公司 DSP 集成电路库
78	Motorola Microprocessor. ddb	Motorola 公司微处理器集成电路库
79	Motorola Oscillator. ddb	Motorola 公司振荡器集成电路库
80	NEC Databooks. ddb	NEC 公司数据手册中的集成电路库
81	Newport Analog. ddb	Newport 公司模拟集成电路库
82	Newport Consumer. ddb	Newport 公司消费类集成电路库
83	NSC Analog. ddb	NSC 公司模拟集成电路库
84	NSC Consumer. ddb	NSC 公司消费类集成电路库
85	NSC Converter. ddb	NSC 公司转换器集成电路库
86	NSC Databooks. ddb	NSC 公司数据手册提供的集成电路库
87	NSC Industrial. ddb	NSC 公司工业集成电路库
88	NSC Interface. ddb	NSC 公司接口集成电路库
89	NSC Miscellaneous. ddb	NSC 公司杂合集成电路库
90	NSC Oscillator. ddb	NSC 公司振荡器集成电路库
91	NSC Telecommunication. ddb	NSC 公司通信集成电路库
92	Philips. ddb	Philips 公司集成电路库
93	PLD. ddb	PLD 元件库
94	Protel DOS Schematic Libraries. ddb	DOS 版 Protel 电路原理图库
95	RF Micro Devices Analog. ddb	RF Micro Devices 公司模拟集成电路库
96	RF Micro Devices Telecommunication. ddb	RF Micro Devices 公司通信集成电路库
97	QuickLogicAsic. ddb	QuickLogic 公司 ASIC 集成电路库
98	SGS Analog. ddb	SGS 公司模拟集成电路库
99	SGS Asic. ddb	SGS 公司 ASIC 集成电路库

附录 1（续）

序号	库文件名	元件库说明
100	SGS Consumer. ddb	SGS 公司消费类集成电路库
101	SGS Converter. ddb	SGS 公司转换器集成电路库
102	SGS Industrial. ddb	SGS 公司工业集成电路库
103	SGS Interface. ddb	SGS 公司接口集成电路库
104	SGS Logic SIM. ddb	SGS 公司逻辑仿真用库
105	SGS Memory. ddb	SGS 公司存储器集成电路库
106	SGS Microcontroller. ddb	SGS 公司微控制器集成电路库
107	SGS Microprocessor. ddb	SGS 公司微处理器集成电路库
108	SGS Miscellaneous. ddb	SGS 公司杂合集成电路库
109	SGS Peripheral. ddb	SGS 公司外围集成电路库
110	SGS Telecommunication. ddb	SGS 公司通信集成电路库
111	Sim. ddb	仿真器件库
112	Spice. ddb	Spice 软件的库
113	TI Databooks. ddb	TI 公司数据手册提供的集成电路库
114	TI Logic. ddb	TI 公司逻辑集成电路库
115	TI Telecommunication. ddb	TI 公司通信集成电路库
116	Westem Digital. ddb	Westem Digita 公司集成电路库
117	Xilinx Databooks. ddb	Xilinx 公司数据手册提供的集成电路库
118	Zilog Databooks. ddb	Zilog 公司数据手册提供的集成电路库

附录 2　部分中英文对照

英文	汉文
New Design Database	建立新设计数据库
Design Storage Type	设计保存类型
Location	位置
Database File Name	数据库文件名称
Database Location	数据库(保存)路径
Browse	浏览
Password	口令
Admin	管理员
Confirm	确认
Design Explorer	设计资源管理器
Server	服务(显示 EDA 所包含的功能服务项)
security	安全
properties	设置启动方式及程序说明
Customize resources	自定制资源
current menu	当前的菜单
Toolbar	工具栏
shortcut Keys	快捷键
System preferences	系统参数选择
Create Backup file	创作备份文件
save preferences	保存参数选择
Display tool tips	显示工具栏按钮提示
Use client system font for all dialogs	全部使用客户设定的对话字体
Notify when another user opens document	当其他用户打开文档时通报
Auto – save setting	自动保存设置
Change system font	改变系统显示字体
New design database	新建设计数据库文件
Open design database	打开现有设计数据库文件
Design manager	打开(关闭)设计管理器
Status bar	打开(关闭)状态栏
Clipboard Reference	复制或剪切操作时,是否指定参考点
Convert Special Strings	将图上特殊字符串转换成其所代表的内容

附录2(续)

英文	汉文
Center of Object	移动没有参考点的图形时,自动将光标跳到中心
Object's Electrical Hot Spot	移动元件时,光标自动滑到管脚上,并出现连接的大黑点
Auto Zoom	执行平铺命令时,是否自动缩放窗口各图形的显示比例,让各图形适中显示
Single ' \ ' Negation	低态信号有效的信号名称上加"非"号方式。不选中时,每个字母右边加斜杠"\";选中时,字符串左边加一个斜杠"\"
Add Template to Clipboard	整张图纸一起复制或剪切
Display Printer Fonts	以打印的字形显示屏幕上的文字
Auto pan Options	设置窗口自动平移模式(画线、放原件等时)
Auto pan off	不启动自动平移功能
Auto pan Fixed Jump	固定间距(步长)平移(平移速度)
Auto pan Re Center	每次平移半个窗口(到中心)
Pin Name	设置管脚名称与元件边框的距离
Pin Number	设置管脚序号与元件边框的距离
Auto Junction	自动产生节点
Drag Orthogonal	不断线移动时,自动正交(垂直)走线
Enable In Place Editing	直接在图上编辑文字(两次取点)
Multi Part Suffix	符号包装元件的编号方式
Alpha	采用字母编号
Numeric	采用数字编号
Default Power Object Names	默认的电源符号网络名称
Multiple net names on net	如果选中该复选框,则当同一个网络上放置了多个网络标号时,测试程序给出错误报告
Unconnected net labels	如果选中该复选框,如果某个网络标号没有放置在任何网络上,测试程序给出警告信息
Unconnected power objects	如果选中该复选框,则当电路图中存在没有连接的电源或者是接地符号,系统将给出相应的警告信息
Duplicate sheet numbers	如果选中该复选框,则当层次电路图中存在相同的电路图编号时,系统将给出相应的错误报告
Duplicate component designators	如果选中该复选框,则层次电路图中存相同的元件号时,将会给出相应的错误报告

附录 2(续)

英文	汉文
Bus label format errors	如果选中该复选框,则当电路图中存在总线标号格式错误时,系统会给出相应的警告信息。正确 D[0..15],错误 D[0.15]
Floating input pins	如果选中该复选框,则当电路图中存在悬空的输入型引脚(从元件库中改变一个元件管脚的属性为 INPUT 型)时,系统将给出相应的错误提示报告
Suppress warning	如果选中该复选框,则进行 ERC 电气测试时,系统将跳过所有的警告错误
Create report file	进行完 ERC 电气测试后,系统将给出相应的测试报告
Add error marks	如果选中该复选框,则进行完 ERC 测试后,系统将在电路图上有测试错误的地方放置一个错误标志
Descend into sheet parts	如果电路使用了电路图式元件,在进行 ERC 检查时,是否要将检查深入到元件的内部电路
active sheet	当前正被激活(打开)的图纸
active project	当前正被激活(打开)的整个项目
active sheet plus sub sheets	正被激活(打开)的图纸以及子图纸(方块电路图纸)
Net labels / ports Global	网络标号及端口全局有效
Only ports Global	只端口全局有效
Sheet symbol / port connection	子电路图的端口与父电路图内相应方块电路图中同名出入口是相互连接的。父电路中的连接关系全部用连线连接,图纸符号只有纵向连接,子电路图之间没有连接关系。
Servers	Protel 99 SE 中各种功能安装、删除和设置
Customize	定义菜单、热键和工具按钮以及它们之间的关系
Preferences	设置 Protel 99 SE 原始环境,例如是否需要备份、显示工具栏等
Design Utilities	在 compact 选项卡可实现数据库文件的压缩;在 repair 选项卡可实现数据库文件的修复
RunScript	选择并打开已有的设计数据库
Run Project	运行一个已有的过程
Security	管理加密锁;即 Protel 99se 序列号
New	建立设计数据库

附录 2（续）

英文	汉文
Open	打开设计数据库
Exit	退出 Protel 99 SE 环境
Design Manager	显示或关闭设计管器
Status Bar	显示或关闭状态栏
Command Status	显示或关闭命令提示栏
OrCad Load Options	图形调入选项

1. 已经建立了设计数据库之后的设计管理器菜单命令

File 菜单　用来完成文件方面的操作。主要命令包括文件或设计数据库的新建、打开、关闭和保存；文件的导入、导出、链接、查找和查看属性等。

New：建立各种文件，例如原理图、电路板、元件库等文件。

New Design：建立设计数据库。

Open：打开设计数据库文件。

Close：关闭打开的文件。

Close Design：关闭设计数据库。

Export：输出文件到指定的文件夹。

Save All：保存所有文件。

Send To Mail：用电子邮件输出文件。

Import：输入文件。

Import Project：输入项目。

Link Document：连接文档

Find Files：寻找文件。

Properties：显示文件属性。

Exit：退出。

Edit 菜单　用来完成编辑方面的操作。主要命令包括对文件的剪切、复制、粘贴、删除和更名等操作。

Cut：剪切文件。

Copy：拷贝文件。

Paste：粘贴文件。

Delete：删除文件。

Rename：重命名文件。

View 菜单　视图菜单，完成显示方面的操作。如编辑窗口的放大与缩小、工具栏的显示与关闭、状态栏和命令栏的显示与关闭等功能。其中 Design Manager、Status Bar、Command Status 和 Toolbar 命令分别用于打开和关闭文件管理器、状态栏、命令栏和工具栏。在命令前有"√"，表示已经打开。中间 4 个命令用于改变文件夹中文件显示的方式。Refresh 为刷新命令。

Design Manage：显示或关闭设计管理器。

Status Bar：显示和关闭状态栏

Command Bar：显示或关闭命令提示栏。

Tool Bar：显示工具条。

Large Icons：以大图标方式显示文件。

Small Icons：以小图标方式显示文件。

List 命令：列表显示方式

Details：详细资料显示方式，显示内容包括文件图标、名称、大小、类型、修改时间和描述等。

Refresh：刷新文件管理窗口。

Windows 菜单　主要用于对工作窗口的管理，对多个设计数据库进行窗口管理的命令。

Tile：窗口平铺显示、将打开的各个设计数据库的工作窗口以平铺的方式显示。

Tile Horizontally（水平平铺）

Tile Vertically（垂直平铺）

Cascade：窗口层叠显示、将打开的各个设计数据库的工作窗口以层叠的方式显示。

Arrange Icons：当设计数据库最小化时，执行该命令可使最小化图标在工作窗口底部有序地排列。

Close All：执行该命令，关闭所有窗口、可关闭所有的设计数据库文件。

Help 菜单　主要用于打开系统提供的帮助文件。

2. 原理图菜单命令

File 菜单

New：建立新原理图、电路板、原理图元件库、封装库等新文件。

New Design：建立一个新设计数据库。

Open：打开一个已有的设计文件。

Open Full Project：打开整个方案。

Close：关闭当前文件。

Close Design：关闭设计数据库。

View 菜单

50％,100％,200％,400％：将屏幕放大到 50％,100％,200％,400％。

Zoom In：放大。

Zoom Out：缩小。

Pan：系统将以光标所在的位置为中心重新显示图纸，**home** 定义为该命令的快捷键。

Refresh：刷新屏幕。

Design Manger：显示或关闭设计管理器。

Status Bar：显示或关闭状态状态栏。

Command Status：显示或关闭命令提示栏

Toolbars：工具条。

Main Tools：主工具条。

Wiring Tools：放置（画线）工具箱。

Drawing Tools：画图工具箱。

Power Objects：电源地线工具箱。

Digital Objects：数字元件工具箱。

Simulation Sources：仿真电源工具箱。

PLD Toolbar：PLD 工具条。

Customize：定制自己的工具箱。

Visible Grid：使用或取消可视栅格。

Snap Grid：使用或取消捕捉栅格。

Electrical Grid：使能或取消电气捕捉栅格。

Edit 菜单

Inside Area：选择区域内的所有对象

Outside Area：选择区域外的所有对象

All：选择图中的所有对象。

Net：选择某网络的所有导线。执行命令后，光标变成十字形，在要选择的网络导线上或网络标号上单击鼠标左键，则该网络的所有导线和网络标号全部被选中。

Connection：选择一个物理连接。执行命令后光标变成十字形，在要选择的一段导线上单击鼠标左键，则与该段导线相连的导线均被选中。

Place 菜单　放置菜单，完成在原理图编辑器窗口放置各种对象的操作。如放置元件、电源接地符号、绘制导线等功能。

Bus：放置总线。

Bus Entry：放置总线接口。

Part：放置元件

Junction：放置连接点。

Power Port：放置电源地线。

Wire：放置连接导线。

Net Label：放置网络标记。

Port：放置端口。

Sheet Symbol：放置图纸符号。

Add Sheet Entry：放置图纸端口。

Diectives：放置指示标记。

No ERC：不进行电气规则检查。

PCB Layout：设置电路板布线方面的规则，该指示器指示的内容可以在电路板布线时起作用。但是需要 Design/Update PCB 菜单命令。

Annotation：放置字符串。

Text Frame：放置文本框。

Drawing Tool：绘图工具栏。

Arcs：放置圆弧线。

Elliptical Arcs：放置椭圆弧线。

Ellipses：放置实心椭圆。

Pie Charts：放置饼图。

Line：画线。

Rectangle：放置矩形。

Round Rectangle：放置圆角矩形。

Polygons：放置多边形。

Beziers：放置任意曲线。

Graphic：放置图片。

Process Container：放置过程容器标志。

Design 菜单　设计菜单，完成元件库管理、网络表生成、电路图设置、层次原理图设计等操作。

Update PCB：从原理图菜单更新电路板图。

Browse Library：浏览原理图元件库。

Add/Remove Library：向元件库管理窗口中增加和删除元件库。

Make Project Library：创建项目元件库。

Update Parts In Cache：用库中的元件图形更新原理图元件。

Template：模板。

Update：更新模板。

Set Template File Name：设置模板文件名。

Remove Current Template：删除当前模板。

Create Netlist：创建网表文件。

Create Sheet From Symbol：从图纸符号建立原理图。

Create Symbol From Sheet：从原理图建立图纸符号。

Options：设置原理图环境。

Tools 菜单　工具菜单，完成 ERC 检查、元件编号、原理图编辑器环境和默认设置的操作。

ERC：进行电气规则检查。

Find Component：寻找元件。

Up/Down Hierarchy：层次电路图中根图和子图转换。

Complex To Simple：转换复杂的层次设计到简单设计。

Annotate：元件自动编号

Back Annotate：按照文件内容对元件编号。

Database Links：使用数据库内容更新原理图。

Process Containers：过程容器。

Run：运行过程容器。

Run All：运行所有过程容器。

Configure：设置过程容器。

Cross Probe：原理图和电路板图交互查找工具。

Select PCB Components：选择与原理图对应的电路板文件。

Preferences：设置原理图画图有关的参数。

Simulate 菜单：原理图仿真菜单，完成与模拟仿真有关的操作。

Run：开始仿真。

Sources：仿真用信号源。

+5 Volts DC：+5 V 直流电源。

-5 Volts DC：-5 V 直流电源。

+12 Volts DC：+12 V 直流电源。

-12 Volts DC：-12 V 直流电源。

lkHzSine Wave：1 kHz 正弦波。

10kHz，Sine Wave：10 kHz 正弦波。

100kHz Sine Wave：100 kHz 正弦波。

1MHz Sine Wave：1 MHz 正弦波。

lkHz Pulse：1 kHz 矩形波。

10kHz Pulse：10 kHz 矩形波。

100kHz Pulse：100 kHz 矩形波。

l MHz Pulse：1 MHz 矩形波。

Create SPICE Netlist：建立 SPICE 网络表。

Setup：设置分析功能与开始仿真。

PLD 菜单　如果电路中使用了 PLD 元件，可实现 PLD 方面的功能。

Compile：编译 PLD 文件。

Simulate：仿真 PLD 文件。

Configure：设置各种 PLD 参数。

Toggle Pin LOC：切换管脚。

Reports 菜单　完成产生原理图各种报表的操作，如元器件清单、网络比较报表、项目层次表等。

Selected Pins：报告已经选择的管脚

Bill of Material：建立元件列表。

Design Hierarchy：建立层次关系列表。

Cross Reference：建立交叉参考表。

Netlist Compare：比较网络表。

Window 菜单　完成窗口管理的各种操作。

Help 菜单　帮助菜单。

英文	中文	元件所在库	备注
AND	与门	Miscellaneous Devices.ddb	
ANTENNA	天线	Miscellaneous Devices.ddb	
BATTERY	直流电源	Miscellaneous Devices.ddb	
BELL	铃	Miscellaneous Devices.ddb	
BNC	高频线接插器	Miscellaneous Devices.ddb	
BRIDEG 1	整流桥(二极管)	Miscellaneous Devices.ddb	
BRIDEG 2	整流桥(集成块)	Miscellaneous Devices.ddb	
BUFFER	缓冲器	Miscellaneous Devices.ddb	

英文	中文	元件所在库	备注
BUZZER	蜂鸣器	Miscellaneous Devices. ddb	
CAP	电容	Miscellaneous Devices. ddb	
CAPACITOR	电容	Miscellaneous Devices. ddb	
CAPACITOR POL	有极性电容	Miscellaneous Devices. ddb	
CAPVAR	可调电容	Miscellaneous Devices. ddb	
CIRCUIT BREAKER	熔断丝	Miscellaneous Devices. ddb	
COAX	同轴电缆	Miscellaneous Devices. ddb	
CON	插口	Miscellaneous Devices. ddb	
CRYSTAL	晶体振荡器	Miscellaneous Devices. ddb	
DB	并行插口	Miscellaneous Devices. ddb	
DIODE	二极管	Miscellaneous Devices. ddb	
DIODE SCHOTTKY	稳压二极管	Miscellaneous Devices. ddb	
DIODE VARACTOR	变容二极管	Miscellaneous Devices. ddb	
DPY_3 – SEG	3 段 LED	Miscellaneous Devices. ddb	
DPY_7 – SEG	7 段 LED	Miscellaneous Devices. ddb	
DPY_7 – SEG_DP	7 段 LED(带小数点)	Miscellaneous Devices. ddb	
ELECTRO	电解电容	Miscellaneous Devices. ddb	
FUSE	熔断器	Miscellaneous Devices. ddb	
INDUCTOR	电感	Miscellaneous Devices. ddb	
INDUCTOR IRON	带铁芯电感	Miscellaneous Devices. ddb	
INDUCTOR3	可调电感	Miscellaneous Devices. ddb	
JFET N	N 沟道场效应管	Miscellaneous Devices. ddb	
JFET P	P 沟道场效应管	Miscellaneous Devices. ddb	
LAMP	灯泡	Miscellaneous Devices. ddb	
LAMP NEDN	起辉器	Miscellaneous Devices. ddb	
LED	发光二极管	Miscellaneous Devices. ddb	
METER	仪表	Miscellaneous Devices. ddb	
MICROPHONE	麦克风	Miscellaneous Devices. ddb	
MOSFET – N1	N 沟道金属氧化物 半导体场效应管	Miscellaneous Devices. ddb	
MOTOR AC	交流电机	Miscellaneous Devices. ddb	
MOTOR SERVO	伺服电机	Miscellaneous Devices. ddb	
NAND	与非门	Miscellaneous Devices. ddb	
NOR	或非门	Miscellaneous Devices. ddb	
NOT	非门	Miscellaneous Devices. ddb	

英文	中文	元件所在库	备注
NPN	NPN 三极管	Miscellaneous Devices. ddb	
NPN – PHOTO	感光三极管	Miscellaneous Devices. ddb	
OPAMP	运放	Miscellaneous Devices. ddb	
OR	或门	Miscellaneous Devices. ddb	
PHOTO	感光二极管	Miscellaneous Devices. ddb	
DAR	三极管	Miscellaneous Devices. ddb	
NPN DAR	NPN 三极管	Miscellaneous Devices. ddb	
PNP DAR	PNP 三极管	Miscellaneous Devices. ddb	
POT	滑线变阻器	Miscellaneous Devices. ddb	
PELAY – DPDT	双刀双掷继电器	Miscellaneous Devices. ddb	
RES1	电阻	Miscellaneous Devices. ddb	
RES3	可变电阻	Miscellaneous Devices. ddb	
RESISTOR BRIDGE	桥式电阻	Miscellaneous Devices. ddb	
RESPACK	电阻	Miscellaneous Devices. ddb	
SCR	晶闸管	Miscellaneous Devices. ddb	
PLUG	插头	Miscellaneous Devices. ddb	
SOCKET	插座	Miscellaneous Devices. ddb	
PLUG AC FEMALE	三相交流插头	Miscellaneous Devices. ddb	
SOURCE CURRENT	电流源	Miscellaneous Devices. ddb	
SOURCE VOLTAGE	电压源	Miscellaneous Devices. ddb	
SPEAKER	扬声器	Miscellaneous Devices. ddb	
SW	开关	Miscellaneous Devices. ddb	
SW – DPDY	双刀双掷开关	Miscellaneous Devices. ddb	
SW – SPST	单刀单掷开关	Miscellaneous Devices. ddb	
SW – PB	按钮	Miscellaneous Devices. ddb	
THERMISTOR	电热调节器	Miscellaneous Devices. ddb	
TRANS1	变压器	Miscellaneous Devices. ddb	
TRANS2	可调变压器	Miscellaneous Devices. ddb	
TRIAC	三端双向可控硅	Miscellaneous Devices. ddb	
TRIODE	三极真空管	Miscellaneous Devices. ddb	
VARISTOR	变阻器	Miscellaneous Devices. ddb	
ZENER	齐纳二极管	Miscellaneous Devices. ddb	
DPY_7 – SEG_DP	数码管	Miscellaneous Devices. ddb	
NEON	氖灯	Miscellaneous Devices. ddb	
PHONEJACKl	耳机插座	Miscellaneous Devices. ddb	

英文	中文	元件所在库	备注
RCA	高频线接插器	Miscellaneous Devices. ddb	
SW—12WAY	十二路旋钮转换开关	Miscellaneous Devices. ddb	
SW – DIP4	双列直插封装四路开关	Miscellaneous Devices. ddb	DIP8 封装
MOSFET – N2	双栅型 N 沟道金属氧化物半导体场效应管	Miscellaneous Devices. ddb	
MOSFET – N3	增强型 N 沟道金属氧化物半导体效应管	Miscellaneous Devices. ddb	
MOSFET – N4	耗尽型 N 沟道金属氧化物半导体场效应管	Miscellaneous Devices. ddb	
MOSFET – PI	P 沟道金属氧化物半导体场效应管	Miscellaneous Devices. ddb	
MOSFET – P2	双栅型 P 沟道金属氧化物半导体场效应管	Miscellaneous Devices. ddb	
MOSFET – P3	增强型 P 沟道金属氧化物半导体场效应管	Miscellaneous Devices. ddb	
MOSFET – P4	耗尽型 P 沟道金属氧化物半导体场效应管	Miscellaneous Devices. ddb	
OPT01SO1	光电隔离开关（发光二极管 + 光敏二极管型）	Miscellaneous Devices. ddb	
OPTOIS02	光电隔离开关（发光二极管 + 光敏三极管型）	Miscellaneous Devices. ddb	
OPTOTRIAC	光电隔离开关（发光二极管 + 三端可控制硅型）	Miscellaneous Devices. ddb	
26PIN	26 脚插座	Miscellaneous Devices. ddb	IDC26 封装
DB9	9 芯插座	Miscellaneous Devices. ddb	DB – 9/M 封装

Protel Dos Schematic Comparator. Lib 比较放大器元件库

Protel Dos Shcematic Intel. Lib INTEL 公司生产的 80 系列 CPU 集成块元件库

Protel Dos Schematic Linear. lib 线性元件库

Protel Dos Schemattic Memory Devices. Lib 内存存储器元件库

Protel Dos Schematic SYnertek. Lib SY 系列集成块元件库

Protes Dos Schematic Motorlla. Lib 摩托罗拉公司生产的元件库

Protes Dos Schematic NEC. lib NEC 公司生产的集成块元件库

Protes Dos Schematic Operationel Amplifers. lib 运算放大器元件库

Protes Dos Schematic TTL. Lib 晶体管集成块元件库 74 系列

Protel Dos Schematic Voltage Regulator. lib 电压调整集成块元件库

Protes Dos Schematic Zilog. Lib 齐格格公司生产的 Z80 系列 CPU 集成块元件库

Lib ref 元件名称
Footprint 器件封装
Designator 元件标号
Part 器件类别或标示值
Schematic Tools 主工具栏
Writing Tools 连线工具栏
Drawing Tools 绘图工具栏
Power Objects 电源工具栏
Digital Objects 数字器件工具栏
Simulation Sources 模拟信号源工具栏
PLD Toolbars 映像工具栏

附录3 常见集成电路型号

可通过 Find 指令查找元件所在元件库

74 系列：

74LS00	TTL	2 输入端四与非门
74LS01	TTL	集电极开路 2 输入端四与非门
74LS02	TTL	2 输入端四或非门
74LS03	TTL	集电极开路 2 输入端四与非门
74LS122	TTL	可再触发单稳态多谐振荡器
74LS123	TTL	双可再触发单稳态多谐振荡器
74LS125	TTL	三态输出高有效四总线缓冲门
74LS126	TTL	三态输出低有效四总线缓冲门
74LS13	TTL	4 输入端双与非施密特触发器
74LS132	TTL	2 输入端四与非施密特触发器
74LS133	TTL	13 输入端与非门
74LS136	TTL	四异或门
74LS138	TTL	3 – 8 线译码器/复工器
74LS139	TTL	双 2 – 4 线译码器/复工器
74LS14	TTL	六反相施密特触发器 7
4LS145	TTL	BCD – 十进制译码/驱动器
74LS15	TTL	开路输出 3 输入端三与门
4LS150	TTL	16 选 1 数据选择/多路开关
74LS151	TTL	8 选 1 数据选择器
74LS153	TTL	双 4 选 1 数据选择器
74LS154	TTL	4 线 – 16 线译码器
74LS155	TTL	图腾柱输出译码器/分配器
74LS156	TTL	开路输出译码器/分配器
74LS157	TTL	同相输出四 2 选 1 数据选择器
74LS158	TTL	反相输出四 2 选 1 数据选择器
74LS16	TTL	开路输出六反相缓冲/驱动器
74LS160	TTL	可预置 BCD 异步清除计数器
74LS161	TTL	可预置四位二进制异步清除计数器
74LS162	TTL	可预置 BCD 同步清除计数器
74LS163	TTL	可预置四位二进制同步清除计数器
74LS164	TTL	八位串行入/并行输出移位寄存器
74LS165	TTL	八位并行入/串行输出移位寄存器
74LS166	TTL	八位并入/串出移位寄存器

74LS169	TTL	二进制四位加/减同步计数器
74LS17	TTL	开路输出六同相缓冲/驱动器
74LS170	TTL	开路输出 4 × 4 寄存器堆
74LS173	TTL	三态输出四位 D 型寄存器
74LS174	TTL	带公共时钟和复位六 D 触发器
74LS175	TTL	带公共时钟和复位四 D 触发器
74LS180	TTL	9 位奇数/偶数发生器/校验器
74LS181	TTL	算术逻辑单元/函数发生器
74LS185	TTL	二进制 – BCD 代码转换器
74LS190	TTL	BCD 同步加/减计数器
74LS191	TTL	二进制同步可逆计数器
74LS192	TTL	可预置 BCD 双时钟可逆计数器
74LS193	TTL	可预置四位二进制双时钟可逆计数器
74LS194	TTL	四位双向通用移位寄存器
74LS195	TTL	四位并行通道移位寄存器
74LS196	TTL	十进制/二 – 十进制可预置计数锁存器
74LS197	TTL	二进制可预置锁存器/计数器
74LS20	TTL	4 输入端双与非门
74LS21	TTL	4 输入端双与门
74LS22	TTL	开路输出 4 输入端双与非门
74LS221	TTL	双/单稳态多谐振荡器
74LS240	TTL	八反相三态缓冲器/线驱动器
74LS241	TTL	八同相三态缓冲器/线驱动器
74LS243	TTL	四同相三态总线收发器
74LS244	TTL	八同相三态缓冲器/线驱动器
74LS245	TTL	八同相三态总线收发器
74LS247	TTL	BCD – 7 段 15V 输出译码/驱动器
74LS248	TTL	BCD – 7 段译码/升压输出驱动器
74LS249	TTL	BCD – 7 段译码/开路输出驱动器
74LS251	TTL	三态输出 8 选 1 数据选择器/复工器
74LS253	TTL	三态输出双 4 选 1 数据选择器/复工器
74LS256	TTL	双四位可寻址锁存器
74LS257	TTL	三态原码四 2 选 1 数据选择器/复工器
74LS258	TTL	三态反码四 2 选 1 数据选择器/复工器
74LS259	TTL	八位可寻址锁存器/3 – 8 线译码器
74LS26	TTL	2 输入端高压接口四与非门
74LS260	TTL	5 输入端双或非门
74LS266	TTL	2 输入端四异或非门
74LS27	TTL	3 输入端三或非门
74LS273	TTL	带公共时钟复位八 D 触发器

74LS279	TTL	四图腾柱输出 S－R 锁存器
74LS28	TTL	2 输入端四或非门缓冲器
74LS283	TTL	4 位二进制全加器
74LS290	TTL	二/五分频十进制计数器
74LS293	TTL	二/八分频四位二进制计数器
74LS295	TTL	四位双向通用移位寄存器
74LS298	TTL	四 2 输入多路带存储开关
74LS299	TTL	三态输出八位通用移位寄存器
74LS30	TTL	8 输入端与非门
74LS32	TTL	2 输入端四或门
74LS322	TTL	带符号扩展端八位移位寄存器
74LS323	TTL	三态输出八位双向移位/存储寄存器
74LS33	TTL	开路输出 2 输入端四或非缓冲器
74LS347	TTL	BCD－7 段译码器/驱动器
74LS352	TTL	双 4 选 1 数据选择器/复工器
74LS353	TTL	三态输出双 4 选 1 数据选择器/复工器
74LS365	TTL	门使能输入三态输出六同相线驱动器
74LS365	TTL	门使能输入三态输出六同相线驱动器
74LS366	TTL	门使能输入三态输出六反相线驱动器
74LS367	TTL	4/2 线使能输入三态六同相线驱动器
74LS368	TTL	4/2 线使能输入三态六反相线驱动器
74LS37	TTL	开路输出 2 输入端四与非缓冲器
74LS373	TTL	三态同相八 D 锁存器
74LS374	TTL	三态反相八 D 锁存器
74LS375	TTL	4 位双稳态锁存器
74LS377	TTL	单边输出公共使能八 D 锁存器
74LS378	TTL	单边输出公共使能六 D 锁存器
74LS379	TTL	双边输出公共使能四 D 锁存器
74LS38	TTL	开路输出 2 输入端四与非缓冲器
74LS380	TTL	多功能八进制寄存器
74LS39	TTL	开路输出 2 输入端四与非缓冲器
74LS390	TTL	双十进制计数器
74LS393	TTL	双四位二进制计数器
74LS40	TTL	4 输入端双与非缓冲器
74LS42	TTL	BCD－十进制代码转换器
74LS352	TTL	双 4 选 1 数据选择器/复工器
74LS353	TTL	三态输出双 4 选 1 数据选择器/复工器
74LS365	TTL	门使能输入三态输出六同相线驱动器
74LS366	TTL	门使能输入三态输出六反相线驱动器
74LS367	TTL	4/2 线使能输入三态六同相线驱动器

74LS368	TTL	4/2 线使能输入三态六反相线驱动器
74LS37	TTL	开路输出 2 输入端四与非缓冲器
74LS373	TTL	三态同相八 D 锁存器
74LS374	TTL	三态反相八 D 锁存器
74LS375	TTL	4 位双稳态锁存器
74LS377	TTL	单边输出公共使能八 D 锁存器
74LS378	TTL	单边输出公共使能六 D 锁存器
74LS379	TTL	双边输出公共使能四 D 锁存器
74LS38	TTL	开路输出 2 输入端四与非缓冲器
74LS380	TTL	多功能八进制寄存器
74LS39	TTL	开路输出 2 输入端四与非缓冲器
74LS390	TTL	双十进制计数器
74LS393	TTL	双四位二进制计数器
74LS40	TTL	4 输入端双与非缓冲器
74LS42	TTL	BCD – 十进制代码转换器
74LS447	TTL	BCD – 7 段译码器/驱动器
74LS45	TTL	BCD – 十进制代码转换/驱动器
74LS450	TTL	16∶1 多路转接复用器多工器
74LS451	TTL	双 8∶1 多路转接复用器多工器
74LS453	TTL	四 4∶1 多路转接复用器多工器
74LS46	TTL	BCD – 7 段低有效译码/驱动器
74LS460	TTL	十位比较器
74LS461	TTL	八进制计数器
74LS465	TTL	三态同相 2 与使能端八总线缓冲器
74LS466	TTL	三态反相 2 与使能八总线缓冲器
74LS467	TTL	三态同相 2 使能端八总线缓冲器
74LS468	TTL	三态反相 2 使能端八总线缓冲器
74LS469	TTL	八位双向计数器
74LS47	TTL	BCD – 7 段高有效译码/驱动器
74LS48	TTL	BCD – 7 段译码器/内部上拉输出驱动
74LS490	TTL	双十进制计数器
74LS491	TTL	十位计数器
74LS498	TTL	八进制移位寄存器
74LS50	TTL	2 – 3/2 – 2 输入端双与或非门
74LS502	TTL	八位逐次逼近寄存器
74LS503	TTL	八位逐次逼近寄存器
74LS51	TTL	2 – 3/2 – 2 输入端双与或非门
74LS533	TTL	三态反相八 D 锁存器
74LS534	TTL	三态反相八 D 锁存器
74LS54	TTL	四路输入与或非门

74LS540	TTL	八位三态反相输出总线缓冲器
74LS55	TTL	4 输入端二路输入与或非门
74LS563	TTL	八位三态反相输出触发器
74LS564	TTL	八位三态反相输出 D 触发器
74LS573	TTL	八位三态输出触发器
74LS574	TTL	八位三态输出 D 触发器
74LS645	TTL	三态输出八同相总线传送接收器
74LS670	TTL	三态输出 4×4 寄存器堆
74LS73	TTL	带清除负触发双 J－K 触发器
74LS74	TTL	带置位复位正触发双 D 触发器
74LS76	TTL	带预置清除双 J－K 触发器
74LS83	TTL	四位二进制快速进位全加器
74LS85	TTL	四位数字比较器
74LS86	TTL	2 输入端四异或门
74LS90	TTL	可二/五分频十进制计数器
74LS93	TTL	可二/八分频二进制计数器
74LS95	TTL	四位并行输入、输出移位寄存器
74LS97	TTL	6 位同步二进制乘法器

CD 系列：

CD4000	双 3 输入端或非门 + 单非门 TI
CD4001	四 2 输入端或非门 HIT/NSC/TI/GOL
CD4002	双 4 输入端或非门 NSC
CD4006	18 位串入/串出移位寄存器 NSC
CD4007	双互补对加反相器 NSC
CD4008	4 位超前进位全加器 NSC
CD4009	六反相缓冲/变换器 NSC
CD4010	六同相缓冲/变换器 NSC
CD4011	四 2 输入端与非门 HIT/TI
CD4012	双 4 输入端与非门 NSC
CD4013	双主－从 D 型触发器 FSC/NSC/TOS
CD4014	8 位串入/并入－串出移位寄存器 NSC
CD4015	双 4 位串入/并出移位寄存器 TI
CD4016	四传输门 FSC/TI
CD4017	十进制计数/分配器 FSC/TI/MOT
CD4018	可预制 1/N 计数器 NSC/MOT
CD4019	四与或选择器 PHI
CD4020	14 级串行二进制计数/分频器 FSC
CD4021	08 位串入/并入－串出移位寄存器 PHI/NSC
CD4022	八进制计数/分配器 NSC/MOT

CD4023	三 3 输入端与非门	NSC/MOT/TI
CD4024	7 级二进制串行计数/分频器	NSC/MOT/TI
CD4025	三 3 输入端或非门	NSC/MOT/TI
CD4026	十进制计数/7 段译码器	NSC/MOT/TI
CD4027	双 J–K 触发器	NSC/MOT/TI
CD4028	BCD 码十进制译码器	NSC/MOT/TI
CD4029	可预置可逆计数器	NSC/MOT/TI
CD4030	四异或门	NSC/MOT/TI/GOL
CD4031	64 位串入/串出移位存储器	NSC/MOT/TI
CD4032	三串行加法器	NSC/TI
CD4033	十进制计数/7 段译码器	NSC/TI
CD4034	8 位通用总线寄存器	NSC/MOT/TI
CD4035	4 位并入/串入–并出/串出移位寄存	NSC/MOT/TI
CD4038	三串行加法器	NSC/TI
CD4040	12 级二进制串行计数/分频器	NSC/MOT/TI
CD4041	四同相/反相缓冲器	NSC/MOT/TI
CD4042	四锁存 D 型触发器	NSC/MOT/TI
CD4043	4 三态 R–S 锁存触发器("1"触发)	NSC/MOT/TI
CD4044	四三态 R–S 锁存触发器("0"触发)	NSC/MOT/TI
CD4046	锁相环	NSC/MOT/TI/PHI
CD4047	无稳态/单稳态多谐振荡器	NSC/MOT/TI
CD4048	4 输入端可扩展多功能门	NSC/HIT/TI
CD4049	六反相缓冲/变换器	NSC/HIT/TI
CD4050	六同相缓冲/变换器	NSC/MOT/TI
CD4051	八选一模拟开关	NSC/MOT/TI
CD4052	双 4 选 1 模拟开关	NSC/MOT/TI
CD4053	三组二路模拟开关	NSC/MOT/TI
CD4054	液晶显示驱动器	NSC/HIT/TI
CD4055	BCD–7 段译码/液晶驱动器	NSC/HIT/TI
CD4056	液晶显示驱动器	NSC/HIT/TI
CD4059	"N"分频计数器	NSC/TI
CD4060	14 级二进制串行计数/分频器	NSC/TI/MOT
CD4063	四位数字比较器	NSC/HIT/TI
CD4066	四传输门	NSC/TI/MOT
CD4067	16 选 1 模拟开关	NSC/TI
CD4068	八输入端与非门/与门	NSC/HIT/TI
CD4069	六反相器	NSC/HIT/TI
CD4070	四异或门	NSC/HIT/TI
CD4071	四 2 输入端或门	NSC/TI
CD4072	双 4 输入端或门	NSC/TI

CD4073	三3输入端与门 NSC/TI	
CD4075	三3输入端或门 NSC/TI	
CD4076	四D寄存器	
CD4077	四2输入端异或非门 HIT	
CD4078	8输入端或非门/或门	
CD4081	四2输入端与门 NSC/HIT/TI	
CD4082	双4输入端与门 NSC/HIT/TI	
CD4085	双2路2输入端与或非门	
CD4086	四2输入端可扩展与或非门	
CD4089	二进制比例乘法器	
CD4093	四2输入端施密特触发器 NSC/MOT/ST	
CD4094	8位移位存储总线寄存器 NSC/TI/PHI	
CD4095	3输入端J-K触发器	
CD4096	3输入端J-K触发器	
CD4097	双路八选一模拟开关	
CD4098	双单稳态触发器 NSC/MOT/TI	
CD4099	8位可寻址锁存器 NSC/MOT/ST	
CD40100	32位左/右移位寄存器	
CD40101	9位奇偶较验器	
CD40102	8位可预置同步BCD减法计数器	
CD40103	8位可预置同步二进制减法计数器	
CD40104	4位双向移位寄存器	
CD40105	先入先出FI-FD寄存器	
CD40106	六施密特触发器 NSC\\TI	
CD40107	双2输入端与非缓冲/驱动器 HAR\\TI	
CD40108	4字×4位多通道寄存器	
CD40109	四低-高电平位移器 CD4529 双四路/单八路模拟开关	
CD4530	双5输入端优势逻辑门	
CD4531	12位奇偶校验器	
CD4532	8位优先编码器	
CD4536	可编程定时器	
CD4538	精密双单稳	
CD4539	双四路数据选择器	
CD4541	可编程序振荡	
CD4543	BCD七段锁存译码,驱动器	
CD4544	BCD七段锁存译码,驱动器	
CD4547	BCD七段译码/大电流驱动器	
CD4549	函数近似寄存器	
CD4551	四2通道模拟开关	
CD4553	三位BCD计数器	

CD4555	双二进制四选一译码器/分离器
CD4556	双二进制四选一译码器/分离器
CD4558	BCD 八段译码器
CD4560	"N" BCD 加法器
CD4561	"9" 求补器
CD4573	四可编程运算放大器
CD4574	四可编程电压比较器
CD4575	双可编程运放/比较器
CD4583	双施密特触发器
CD4584	六施密特触发器
CD4585	4 位数值比较器
CD4599	8 位可寻址锁存器
CD40110	十进制加/减,计数,锁存,译码驱动 ST
CD40147	10 – 4 线编码器 NSC\\MOT
CD40160	可预置 BCD 加计数器 NSC\\MOT
CD40161	可预置 4 位二进制加计数器 NSC\\MOT
CD40162	BCD 加法计数器 NSC\\MOT
CD40163	4 位二进制同步计数器 NSC\\MOT
CD40174	六锁存 D 型触发器 NSC\\TI\\MOT
CD40175	四 D 型触发器 NSC\\TI\\MOT
CD40181	4 位算术逻辑单元/函数发生器
CD40182	超前位发生器
CD40192	可预置 BCD 加/减计数器(双时钟)NSC\\TI
CD40193	可预置 4 位二进制加/减计数器 NSC\\TI
CD40194	4 位并入/串入 – 并出/串出移位寄存 NSC\\MOT
CD40195	4 位并入/串入 – 并出/串出移位寄存 NSC\\MOT
CD40208	4×4 多端口寄存器
CD4501	4 输入端双与门及 2 输入端或非门
CD4502	可选通三态输出六反相/缓冲器
CD4503	六同相三态缓冲器
CD4504	六电压转换器
CD4506	双二组 2 输入可扩展或非门
CD4508	双 4 位锁存 D 型触发器
CD4510	可预置 BCD 码加/减计数器
CD4511	BCD 锁存,7 段译码,驱动器
CD4512	八路数据选择器
CD4513	BCD 锁存,7 段译码,驱动器(消隐)
CD4514	4 位锁存,4 线 – 16 线译码器
CD4515	4 位锁存,4 线 – 16 线译码器
CD4516	可预置 4 位二进制加/减计数器

CD4517	双 64 位静态移位寄存器
CD4518	双 BCD 同步加计数器
CD4519	四位与或选择器
CD4520	双 4 位二进制同步加计数器
CD4521	24 级分频器
CD4522	可预置 BCD 同步 1/N 计数器
CD4526	可预置 4 位二进制同步 1/N 计数器
CD4527	BCD 比例乘法器
CD4528	双单稳态触发器

附录4 常用电子元件封装

电阻、2脚电感线圈	AXIAL0.3 ~ AXIAL1.0
二极管、稳压二极管	DIODE0.4、DIODE0.7
发光二极管	RB.1/.2
三极管、场效应管	TO-3、TO-5、TO-18、TO-39、TO-46、TO-52、TO-66、TO-72、TO-92A、TO-92B、TO-126、TO-220
三端集成稳压器	TO-220
双JK触发器	DIP14
无极性电容	RAD0.1 ~ RAD0.4、
电解电容	RB.2/.4、RB.3/.6、RB.4/.8、RB.5/.10
3脚可调电阻	VR1、VR2、VR3、VR4
晶体振荡器	XTAL1
双列直插	DIP4 ~ DIP40
信号插接座、跳线座	SIP2 ~ SIP20
9针接口	DB9/M、DB9RA/F、
15针接口	DB15/M、DB15RA/F、
25针接口	DB25/M、DB25RA/F、
双排信号接口	IDC10 ~ IDC50
电源接线插座	POWER4、POWER6
4脚整流桥	FLY4、D-44、D-37、D-46
保险管座	FUSE

贴片电阻

0603 表示的是封装尺寸,与具体阻值没有关系,但封装尺寸与功率有关,通常来说如下:

0201   1/20W

0402   1/16W

0603   1/10W

0805   1/8W

1206   1/4W

外形尺寸与封装的对应关系是:

0402 = 1.0 mm × 0.5 mm

0603 = 1.6 mm × 0.8 mm

0805 = 2.0 mm × 1.2 mm

1206 = 3. 2 mm × 1. 6 mm
1210 = 3. 2 mm × 2. 5 mm
1812 = 4. 5 mm × 3. 2 mm
2225 = 5. 6 mm × 6. 5 mm

附录 5　Protel 99SE 快捷方式

Enter——选取或启动。

Esc——放弃或取消。

F1——启动在线帮助窗口。

Tab——启动浮动图件的属性窗口。

Page up——放大窗口显示比例。

Page down——缩小窗口显示比例。

Del——删除点取的元件(1 个)。

End——刷新屏幕。

Ctrl + del——删除选取的元件。

x + a——取消所有被选取图件的选取状态。

x——将浮动图件左右翻转。

y——将浮动图件上下翻转。

Space——将浮动图件旋转 90 度。

Ctrl + ins——将选取图件复制到编辑区里。

Shift + ins——将剪切板里的图件贴到编辑区里。

Shift + del——将选取图件剪切放入剪切板里。

Alt + backspace——恢复前一次的操作。

Ctrl + backspace——取消前一次的恢复。

Ctrl + g——跳转到指定位置。

Ctrl + f——寻找指定的文字。

Alt + F4——关闭 Protel 99SE。

Spacebar——绘制导线,直线或总线时,改变走线模式。

v + d——缩放视图,以显示整张电路图。

v + f——缩放视图,以显示所有电路部件。

Home——以光标位置为中心,刷新屏幕。

Esc——终止当前正在进行的操作,返回待命状态。

Backspace——放置导线或多边形时,删除最末一个顶点。

Delete——放置导线或多边形时,删除最末一个顶点。

Ctrl + Tab——在打开的各个设计文件文档之间切换。

Alt + Tab——在打开的各个应用程序之间切换。

a——弹出 Edit/align 子菜单。

b——弹出 View/toolbars 子菜单。

e——弹出 Eit 菜单。

f——弹出 File 菜单。

h——弹出 Help 菜单。

j——弹出 Edit/jump 菜单。

L——弹出 Edit/set location makers 子菜单。

m——弹出 Edit/move 子菜单。

o——弹出 Options 菜单。

p——弹出 Place 菜单。

r——弹出 Reports 菜单。

s——弹出 Edit/select 子菜单。

t——弹出 Tools 菜单。

v——弹出 View 菜单。

w——弹出 Window 菜单。

x——弹出 Edit/deselect 菜单。

z——弹出 Zoom 菜单。

左箭头——光标左移 1 个电气栅格。

Shift + 左箭头——光标左移 10 个电气栅格。

下箭头——光标下移 1 个电气栅格。

Shift + 下箭头——光标下移 10 个电气栅格。

右箭头——光标右移 1 个电气栅格。

Shift + 右箭头——光标右移 10 个电气栅格。

上箭头——光标左上移 1 个电气栅格。

Shift + 上箭头——光标上移 10 个电气栅格。

Ctrl + 1——以零件原来的尺寸的大小显示图纸。

Ctrl + 2——以零件原来的尺寸的 200% 显示图纸。

Ctrl + 4——以零件原来的尺寸的 400% 显示图纸。

Ctrl + 5——以零件原来的尺寸的 50% 显示图纸。

Ctrl + f——查找指定字符。

Ctrl + g——查找替换字符。

Ctrl + b——将选定对象以下边缘为基准,底部对齐。

Ctrl + t——将选定对象以上边缘为基准,顶部对齐。

Ctrl + l——将选定对象以左边缘为基准,靠左对齐。

Ctrl + r——将选定对象以右边缘为基准,靠右对齐。

Ctrl + h——将选定对象以左右边缘的中心线为基准,水平居中排列。

Ctrl + v——将选定对象以上下边缘的中心线为基准,垂直居中排列。

Ctrl + shift + h——将选定对象在左右边缘之间,水平均布。

Ctrl + shift + v——将选定对象在上下边缘之间,垂直均布。

F3——查找下一个匹配字符。

Shift + F4——将打开的所有文档窗口平铺。

Shift + F5——将打开的所有文档窗口层叠显示。

Shift + 单左鼠——选定单个对象。

Ctrl + 单左鼠,在释放 ctrl——拖动单个对象。

Shift + Ctrl + 左鼠——移动单个对象。

按 Ctrl 后移动或拖动——移动对象时,不受电气格点限制。

按 Alt 后移动或拖动——移动对象时,保持垂直方向。

按 Shift + Alt 后移动或拖动——移动对象时,保持水平方向。

*——顶层与底层之间层的切换。

+ (-)——逐层切换,"+"与"-"的方向相反。

Q——mm(毫米)与 mil(密尔)的单位切换。

Ctrl + M——测量两点间的距离。

附录 6 笔试参考练习题

一、单选题

1. Protel 99SE 是用于( )的设计软件。
   A. 电气工程   B. 电子线路   C. 机械工程   D. 建筑工程

2. Protel 99SE 原理图文件的格式为( )。
   A. ∗.Schlib   B. ∗.SchDoc   C. ∗.Sch   D. ∗.Sdf

3. Protel 99SE 原理图设计工具栏共有( )个。
   A. 5   B. 6   C. 7   D. 8

4. 执行( )命令操作,元器件按水平中心线对齐。
   A. Center
   B. Distribute Horizontally
   C. Center Horizontal
   D. Horizontal

5. 执行( )命令操作,元器件按垂直均匀分布。
   A. Vertically
   B. Distribute Vertically
   C. Center Vertically
   D. Distribute

6. 执行( )命令操作,元器件按顶端对齐。
   A. Align Right   B. Align Top   C. Align Left   D. Align Bottom

7. 执行( )命令操作,元器件按底端对齐。
   A. Align Right   B. Align Top   C. Align Left   D. Align Bottom

8. 执行( )命令操作,元器件按左端对齐。
   A. Align Right   B. Align Top   C. Align Left   D. Align Bottom

9. 执行( )命令操作,元气件按右端对齐。
   A. Align Right   B. Align Top   C. Align Left   D. Align Bottom

10. 原理图设计时,按下( )可使元气件旋转90°。
    A. 回车键   B. 空格键   C. X 键   D. Y 键

11. 原理图设计时,实现连接导线应选择( )命令。
    A. Place/Drawing Tools/Line   B. Place/Wire
    C. Wire   D. Line

12. 原理图编辑时,从原来光标下的图样位置,移位到工作区中心位置显示,快捷键是( )。
    A. Page Up   B. Page Down   C. Home   D. End

13. 在原理图设计图样上放置的元器件是( )。
    A. 原理图符号   B. 元器件封装符号
    C. 文字符号   D. 任意

14. 进行原理图设计,必须启动( )编辑器。
    A. PCB   B. Schematic   C. Schematic Library   D. PCB Library

15. 使用计算机键盘上的(　　)键可实现原理图图样的缩小。
    A. Page Up   B. Page Down   C. Home   D. End

16. 往原理图图样上放置元器件前必须先(　　)。
    A. 打开浏览器   B. 装载元器件库
    C. 打开 PCB 编辑器   D. 创建设计数据库文件

17. 网络表中有关网络的定义是(　　)。
    A. 以"["开始,以"]"结束   B. 以"〈"开始,以"〉"结束
    C. 以"("开始,以")"结束   D、以"{"开始,以"}"结束

18. 网络表中有关元器件的定义是(　　)。
    A. 以"["开始,以"]"结束   B. 以"〈"开始,以"〉"结束
    C. 以"("开始,以")"结束   D. 以"{"开始,以"}"结束

19. 执行(　　)命令,即可弹出 PCB 系统参数设置对话框。
    A. Design/Bord Options   B. Tools/Preferences
    C. Options   D. Preferences

20. PCB 的布局是指(　　)。
    A. 连线排列   B. 元器件的排列
    C. 元器件与连线排列   D. 除元器件与连线以外的实体排列

21. PCB 的布线是指(　　)。
    A. 元器件焊盘之间的连线   B. 元器件的排列
    C. 元器件排列与连线走向   D. 除元器件以外的实体连接

22. Protel 99SE 提供了多达(　　)层为铜膜信号层。
    A. 2   B. 16   C. 32   D. 8

23. Protel 99SE 提供了(　　)层为内部电源/接地层
    A. 2   B. 16   C. 32   D. 8

24. 在印制电路板的(　　)层画出的封闭多边形,用于定义印制电路板形状及尺寸。
    A. Multi Layer   B. Keep Out Layer
    C. Top Overlay   D. Bottom overlay

25. 印制电路板的(　　)层只要是作为说明使用。
    A. Keep Out Layer   B. Top Overlay
    C. Mechanical Layers   D. Multi Layer

26. 印制电路板的(　　)层主要用于绘制元器件外形轮廓以及标识元器件标号等。该类层共有两层。
    A. Keep Out Layer   B. Silkscreen Layers
    C. Mechanical Layers   D. Multi Layer

27. 在放置元器件封装过程中,按(　　)键使元器件封装旋转。
    A. X   B. Y   C. L   D. 空格键

28. 在放置元器件封装过程中,按(　　)键使元器件在水平方向左右翻转。
    A. X   B. Y   C. L   D. 空格键

29. 在放置元器件封装过程中,按(　　)键使元器件在竖直方向上下翻转。
    A. X   B. Y   C. L   D. 空格键

30. 在放置元器件封装过程中,按( )键使元器件封装从顶层移到底层。
　　A. X 　　　　　　　B. Y 　　　　　　　C. L 　　　　　D. 空格键
31. 在放置导线过程中,可以按( )键来取消前段导线。
　　A. Back Space 　　B. Enter 　　　　C. Shift 　　　　D. Tab
32. 在放置导线过程中,可以按( )键来切换布线模式。
　　A. Back Space 　　B. Enter 　　　C. Shift + Space 　　D. Tab
33. Protel 99SE 为 PCB 编辑器提供的设计规则共分为( )类。
　　A. 8 　　　　　　　B. 10 　　　　　　C. 12 　　　　　D. 6

二、判断题

1. ( )Protel 99SE 可以在 DOS 系统运行。
2. ( )Protel 99SE 可以用来设计机械工程图。
3. ( )Protel 99SE 是用于电子线路设计的专用软件。
4. ( )Protel 99SE 只能运用于 Windows 95 以上操作系统。
5. ( )Protel 99SE 采用设计数据库文件管理方式。
6. ( )Protel 99SE 可以直接创建一个原理图编辑文件。
7. ( )Protel 99SE 可以直接创建一个 PCB 图编辑文件。
8. ( )Protel 99SE 的安装与运行对计算机的系统配置没有要求。
9. ( )Protel 99SE 标准屏幕分辨率为 1024 × 768 像素。
10. ( )Protel 99SE 系统中的自由原理图文件和自由 PCB 图文件之间相互独立,没有联系。
11. ( )如果只绘制电路原理图,可以创建一个自由原理图文件。
12. ( )原理图文件设计必须先装载元器件库,方可放置元器件。
13. ( )打开原理图编辑器,就可以在图样上放置元器件。
14. ( )原理图设计连接工具栏中的每个工具按钮都与 Place 选单中的命令一一对应。
15. ( )原理图的图纸大小是"Document Options"对话框中设置的。
16. ( )Grids(图样栅格)栏选项"Visible"用于设定光标位移的步长。
17. ( )Grids(图样栅格)栏选项"Snap"用于设定光标位移的步长。
18. ( )层次原理图设计时,只能采用自上而下的设计方法。
19. ( )原理图设计中,要进行元器件移动和对齐操作,必须先选择该元器件。
20. ( )在层次原理图绘制时,需执行 Place/Sheet Symbol 放置图纸符号。
21. ( )在原理图的图样上,具有相同网络标号的多条导线可视为是连接在一起的。
22. ( )层次原理图的上层电路方块图之间,只有当方块电路端口名称相同时才能连接在一起的。
23. ( )层次原理图的上层电路方块图之间,只能用总线连接方块电路端口。
24. ( )原理图的图样大小是"Document Options"对话框中设置的。
35. ( )原理图设计时十字连线不会自动产生一个节点。
26. ( )原理图中具有相同的网络标号的导线,不管是否连接在一起,都被看作同一条导线。

27.（　　）原理图中的网络标号可以关联到导线的任何地方,而 I/O 端口只能连接到一根导线或引脚的末端,另外 I/O 端口能够实现不同原理图文件间的电气连接。

28.（　　）总线就是用一条线来代表数条并行的导线。

29.（　　）Portel 99SE 提供的绘图工具命令并不具备电气特性。

30.（　　）原理图设计时,执行 Place/annotation 菜单命令放置单行文本,执行 Place/Text Frame 菜单命令,放置文本框。

31.（　　）原理图设计时,可以使用绘图工具绘制元器件符号。

32.（　　）在原理图图样上,放置的元器件是封装模型。

33.（　　）在元件库编辑器中编辑工作区的坐标原点是定义在编辑区中央,当放置元件时会以最靠近原点的引脚为参考点进行放置。

34.（　　）用原理图编辑器可以设计 PCB 图。

35.（　　）焊盘用来焊接元器件引脚。

36.（　　）过孔用于连接各层导线之间的通路。

37.（　　）不同的元器件可以共用同一个元器件封装。

38.（　　）原理图符号与 PCB 元器件封装存在一一对应关系。

39.（　　）即使没有电路原理图,Portel 99SE 也能实现印制电路板的自动布局和自动布线。

40.（　　）自定义印制电路板形状及尺寸,实际上就是在“Keep Out Layer”层上用线绘制出一个封装的多边形。

41.（　　）印制电路板的阻焊层一般由组焊剂构成,使非焊盘处不粘锡。

42.（　　）印制电路板的锡膏层主要是用于产生表面安装所需要的专用系锡膏层,用以粘贴表面安装元器件(SMD)

43.（　　）印制电路板的丝印层主要用于绘制元器件外形轮廓以及元器件标号等。

44.（　　）Portel 99SE 为 PCB 编辑器提供了多达 74 层设计。

45.（　　）往 PCB 文件装入网络表与元器件之前,必须装载元器件封装库。

46.（　　）PCB 设计只允许在顶层(Top layer)放置元器件。

47.（　　）Portel 99SE 提供了两种 Visible Grid(可视栅格)类型。即 Lines(线状)和 Dots(点状)。

48.（　　）Portel 99SE 提供了两种度量单位,即“Imperial”(英制)和“Metric”(公制)系统默认为公制

49.（　　）在放置元器件封装过程中,按 L 键可使元器件封装从顶层移到底层。

50.（　　）在放置元器件封装时按 Tab 键,在弹出元器件封装属性设置对话框可以设置元器件属性。

51.（　　）在连接导线过程中,按下 Shift + Space 键可以改变导线的走线形式。

52.（　　）在 PCB 编辑器中,可以通过导线属性对话框方便地设置导线宽度。

53.（　　）元器件引脚编号(Number)用于和 PCB 封装(焊盘的 Designator)对应。

54.（　　）在元器件全局属性修改对话框中,不区分大小写时,字符串的替换格式｛! old text = new text｝。

55.（　　）铜膜填充常用于制作 PCB 插件的接触面。

56.（　　）敷铜是将印制电路板空白的地方铺满铜膜,并经铜膜接地,以提高印制电路

板的抗干扰能力。

57.（　　）PCB 的泪滴主要作用在钻孔时,避免在导线于焊盘的连接处出现应力集中而断裂。

58.（　　）PCB 设计规则通常规定双面印制电路板的顶层走水平线,底层走垂直线。

59.（　　）Protel 99SE 提供的自动布线器可以按指定元器件或网络进行布线。

三、填空题

1.软件环境要求运行在 Windows 98/2000/NT 或者_____操作系统下。硬件环境要求 P166CPU/RAM32MB/HD 剩余 400 MB 以上,显示分辨率为_____。

2.文件管理,Protel9 SE 的各菜单主要是进行各种文件命令操作,设置视图的显示方式以及编辑操作。系统包括 File、Edit、_____、_____和 Help 共 5 个下拉菜单。

3.Protel 99SE 提供了一系列的工具来管理多个用户同时操作项目数据库。每个数据库默认时都带有设计工作组(Design Team),其中包括 Members、_____和_____3 个部分。Members 自带两个成员:系统管理员(Admin)和(客户(Guest))。系统管理员可以进行修改密码,增加_____,删除设计成员,修改权限等操作。

4.Protel 99SE 主窗口主要由标题栏,菜单栏,工具栏,设计窗口,_____,_____,状态栏以及命令指示栏等部分组成。

5.原理图设计窗口顶部为主菜单和主工具栏,左部为设计管理器(Design Manager),右边大部分区域为_____,底部为_____和命令栏,中间几个浮动窗口为常用工具。除主菜单外,上述各部件均可根据需要打开或关闭。

6.图纸方向:设置图纸是_____和_____。通常情况下,在绘图及显示时设为横向,在打印时设为纵向。

7.网格设置。Protel 99SE 提供了_____和_____两种不同的网状的网格。

8.执行菜单命令"Design \ Options",在弹出的"Document options"对话框中选择"Organization"选项卡中,可以分别填写设计单位_____,单位地址,图纸编号及图纸的总数,文件的_____以及版本号或日期等。

9.原理图设计工具包括画总线、画总线进出点、_____、放置节点、放置电源、_____、放置网络名称、放置输入/输出点、放置电路方框图、放置电路方框进出点等内容。

10.实体放置与编辑包括导线、_____、_____、网络标号、电源与地线、节点、文字与图形的放置与编辑。

11.网络表的内容主要是电路图中各_____的数据以及元件间_____的数据。

12.元件列表主要用于整理一个电路或一个项目文件中的有关内容,它主要包括元件的名称、_____、_____等内容。

13.ERC 表。ERC 表是_____规则检查表,用于检查电路图是否有问题。

14.通过原理图元件库编辑器的制作工具来_____和_____一个元件图形。

15.原理图元件库编辑器界面主要由元件管理器、主工具栏、菜单、常用工具栏、编辑区组成。编辑区内有一个_____,用户一般在_____象限进行元件的编辑工作。

16.印制电路板的制作材料主要是绝缘材料、_____等。印制电路板分为单面板、_____、和多层板。

17. 元件封装是指实际元件焊接到电路板时所指示的_____和焊接位置。元件的封装可以在设计电路原理图时指定,也可以在_____时指定。

18. 元件封装的编号一般为元件类型 + 焊盘_____(焊盘数) + 元件_____尺寸。

19. 构成 PCB 图的基本元素有:元件封装、_____、_____和阻焊膜、层、焊盘和过孔、丝印层及文字标记。

20. Protel 99SE 提供的物理层面有:32 个信号层(Signal Layers),即顶层、底层和 30 个中间层;_____个内部电源/接地层(Internal Plane Layers);_____个机械板层(Mechanical Layers);_____个阻焊层(Solder Masks layers);_____个锡膏防护层(Paste mask layers);_____个丝印层(Silkscreen layers);_____个禁止布线层(Keep out layer);_____个多层(Multi layer);_____个钻孔层(Drill layers)。在实际的设计过程中,几乎不可能打开所有的工作层,这就需要用户设置工作层,将自己需要的工作层打开。

21. Protel 99SE 提供的工作层面可分为物理层面和系统层面两大类。系统层面包括:_____;连接层(Connection);_____;过孔层(Via Holes);_____。

22. 工作层参数设置包括栅格设置(Grids)和电气栅格设置(Electrical Grid)。_____设置主要用于设置电气栅格的属性。

23. 系统提供了两种度量单位,即英制(Imperial)和公制(Metric),系统默认为_____。

24. 手动规划电路板就是在_____上用走线绘制出一个封闭的多边形,一般情况下绘制成一个矩形,多边形的内部即为布局的区域。

25. 元件封装的图形及属性信息都存储在一些特定的元件封装文件中。如果没有这个文件库,系统就不能识别用户设置的关于元件封装的信息,所以在绘制印制电路板之前_____所用到的元件封装库。

26. 印制电路板图的设计流程:绘制电路原理图→规划电路板→设置参数→装入网络表及放置封装→元件的_____→布线→优化、调整布局布线→文件保存及输出。

27. _____命令,实现 PCB 板的 3D 预览。

28. 为了使自动布局的结果更符合要求,可以在自动布局之前设置自动布局设计规则。系统提供了两种布局方式:_____和_____。

29. 手工布线就是用手工连接电路导线。在布线过程中可以切换导线模式、切换导线方向、设置光标移动的最小间隔。对导线还可以进行剪切、复制与粘贴、_____及属性修改等操作。手工布线的缺点是_____。

30. 自动布线就是用计算机自动连接电路导线。自动布线前按照某些要求预置_____规则,设置完布线规则后,程序将依据这些规则进行自动布线。自动布线_____,速度快。

31. 在 PCB 图设计完成之后,可以生成各种类型的 PCB 报表,生成各种报表的命令都在_____菜单中。

32. 执行 Place/Drawing Tools/Graphic Image 命令,可在原理图中插入_____。

33. 启动 PCB 元件封装编辑库,进入 PCB 元件封装编辑器主窗口。其界面主要由_____、_____、绘图工具栏、编辑区、状态栏与命令行等部分组成。元件封装图形的设计、修改等编辑工作均可在这个部分完成。

34. 手工创建元件封装：利用_____工具，按照_____的尺寸绘制出该元件封装。

35. 向导创建元件封装：按照元件封装创建向导预先定义设计规则，在这些设计规则定义结束后，封装库编辑器会_____生成相应的新的元件封装。

36. Sim. ddb 仿真库中的主要元件有电阻、电容、电感、_____、三极管、JFET 结型场效应晶体管、_____、电压／电流控制开关、_____、继电器、互感、TTL 和 CMOS 数字电路元器件、模块电路等。

四、问答题

1. Protel 99SE 包含哪些功能模块？简述其功能。

答：主要包括以下几个模块：

电路原理图（Schematic）设计模块：

该模块主要包括设计原理图的原理图编辑器，用于修改、生成元件符号的元件库编辑器以及各种报表的生成器。

印刷电路板（PCB）设计模块：

该模块主要包括用于设计电路板图的 PCB 编辑器，用于 PCB 自动布线的 Route 模块。用于修改、生成元件封装的元件封装库编辑器以及各种报表的生成器。

可编程逻辑器件（PLD）设计模块：

该模块主要包括具有语法意识的文本编辑器、用于编译和仿真设计结果的 PLD 模块。

电路仿真（Simulate）模块：

该模块主要包括一个能力强大的数／模混合信号电路仿真器，能提供连续的模拟信号和离散的数字信号仿真

2. 在元件属性中，Lib Ref、Footprint、Designator、PartType 分别代表什么含意？

答：（1）Lib Ref 在元件库中所定义的元件名称，不会显示在绘图页中。

（2）Designator 流水序号/元件标号。

（3）Part Type 显示在绘图页中的元件名称，默认值与元件库中名称 Lib Ref 一致。器件类型或标称值。

（4）Footprint 包装形式。应输入该元件在 PCB 库里的名称。器件封装。

3. 进入元件库编辑器界面需要经过哪几个步骤？

答：（1）创建项目数据库；

（2）双击 Document；

（3）启动元件库编辑器 File→New→Schematic Library Document；

（4）元件库编辑器界面出现，在编辑区出现一个十字坐标轴，一般在第四象限进行元件的编辑工作。

4. 试说明 PCB 图的设计流程。

答：（1）绘制电路原理图；

（2）产生网络报表；

（3）创建并打开 PCB 文件；

（4）规划电路板；

（5）装入网络表及元件封装；

（6）元件的布局；

（7）自动布线；

（8）手工调整布线；

（9）文件的保存和输出。

5. 如何创建项目元件封装库？

答：（1）放置焊盘；

（2）编辑焊盘属性；

（3）绘制元件外形轮廓；

（4）设置元件封装的参考点；

（5）为新建的元件封装重命名。

附录7 机试参考练习题

【练习1】 甲乙类放大电路如图3-7-1所示,试画出它的原理图。该练习中的元件表如表3-7-1所示。

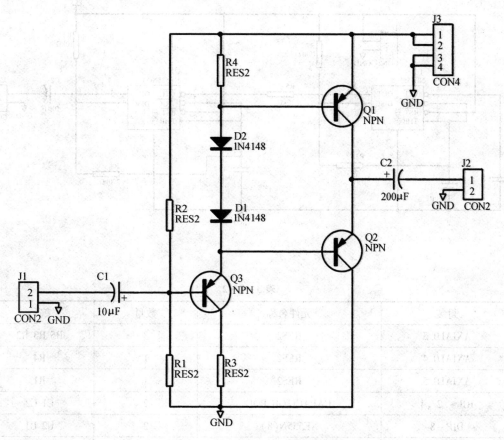

图3-7-1 练习1的电路原理图

表3-7-1

封装	元件名称	数量	编号
AXIAL0.3	RES2	4	R4 R3 R2 R1
DIODE0.4	1n4148E	1	D2
DIODE0.4	1n4148E	1	D1
RB -.2/.4	CAPACITOR POL	1	C2
RB -.2/.4	CAPACITOR POL	1	C1
SIP -2	CON2	2	J2 J1
SIP -4	CON4	1	J3
TO -46	NPN	2	Q3 Q2
TO -46	PNP	1	Q1

画好图后：

（1）请进行电气规则检查（选择 Tools/ERC 菜单）。

（2）请做元件表（选择 Report/Bill of Material 或 Edit/Export to Spread 菜单）。

（3）请做网络表（选择 Design/Create Netlist）。

【练习 2】　时基 555 组成电路如图 3 - 7 - 2 所示，试画出它的原理图。元件见表 3 - 7 - 2。

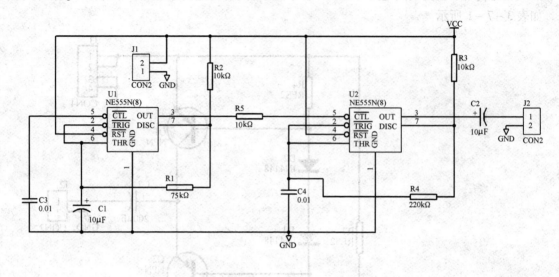

表 3 - 7 - 2

封装	元件名称	数量	编号
AXIAL0.3	RES2	3	R5 R3 R2
AXIAL0.4	RES2	1	R4
AXIAL0.5	RES2	1	R1
RB - .2/.4	CAPACITOR POL	2	C1 C2
DIP - 8	NE555N(8)	2	U2 U1
SIP - 2	CON2	2	J2 J1
RAD0.1	CAP	2	C3 C4

注意：

时基电路在 Motorola 公司的 Analog.ddb 的 Motorola Analog Timer Circuit 库中。

画好图后：

（1）请进行电气规则检查（选择 Tools/ERC 菜单）。

（2）请做元件表（选择 Report/Bill of Material 或 Edit/Export to Spread 菜单）。

（3）请做网络表（选择 Design/Create Netlist）。

【练习 3】　集成三端稳压器电路如图 3 - 7 - 3 所示，试画出它的原理图，元件见表 3 - 7 - 3。

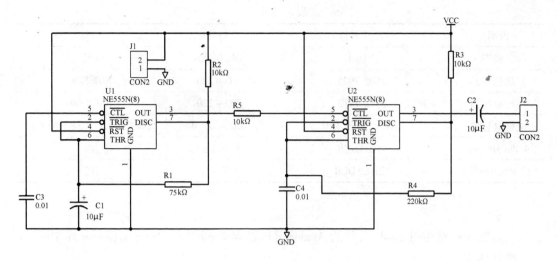

图 3 - 7 - 3　练习 3 的电路原理图

表 3 - 7 - 3

说明	元件名称	封装	编号
连接器	CON2	SIP - 2	J1
三端稳压器	L7906CT(3)	TO220V	U1
电解电容器	CAPACITOR POL	RB - .2/.4	C1 C2

画好图后：

（1）请进行电气规则检查（选择 Tools/ERC 菜单）。

（2）请做元件表（选择 Report/Bill of Material 或 Edit/Export to Spread 菜单）。

（3）请做网络表（选择 Design/Create Netlist）。

【练习 4】　正负电源电路如图 3 - 7 - 4 所示，试画出它的原理图，元件见表 3 - 7 - 4。

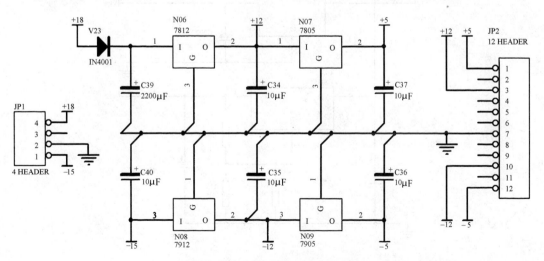

图 3 - 7 - 4　练习 4 的电路原理图

表 3 – 7 – 4

说明	元件名称	封装	编号
二极管	DIODE	DIODE0.4	V23
三端稳压器	7805 7905	TO – 220	N07 N08
三端稳压器	7812 7912	TO – 220	N06 N09
电解电容器	CAPACITOR POL	RB – .2/.4	C36 C37 C35 C34 C40 C39
4 Pin Header	4HEADER	POWER4	JP1
12 Pin Header	12HEADER	SIP – 12	JP2

注意:

三端稳压电路在 Motorola 公司的 Analog.ddb 的 MotorolaPower Supply Circuit 库中。

画好图后:

(1)请进行电气规则检查(选择 Tools/ERC 菜单)。

(2)请做元件表(选择 Report/Bill of Material 或 Edit/Export to Spread 菜单)。

(3)请做网络表(选择 Design/Create Netlist 菜单)。

【练习5】 电源电路如图 3 – 7 – 5 所示,试画出它的原理图,元件见表 3 – 7 – 5。

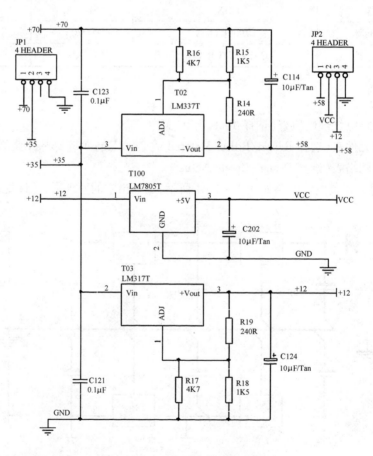

图 3 – 7 – 5　练习的电路原理图

表 3 - 7 - 5

说明	元件名称	封装	编号
电容	CAP	RAD0.2	C121 C123
三端可调稳压器	LM337K	TO3	TO2
三端可调稳压器	LM317K	TO3	TO3
电阻	RES2	AXIAL0.4	R14 R19 R18 R17 R16 R15
电解电容	CAPACITOR POL	RB.2/.4	C124 C114 C202
三端稳压器	LM7805CT	TO - 220	T100
连接器	4HEADER	POWER4	JP1 JP2

注意：

三端稳压电路在 Motorola 公司的 Analog.ddb 的 MotorolaPower Supply Circuit 库中。

画好图后：

(1) 请进行电气规则检查(选择 Tools/ERC 菜单)。

(2) 请做元件表(选择 Report/Bill of Material 或 Edit/Export to Spread 菜单)。

(3) 请做网络表(选择 Design/Create Netlist)。

【练习6】　信号源电路如图 3 - 7 - 6 所示,试画出它的原理图,元件见表 3 - 7 - 6。

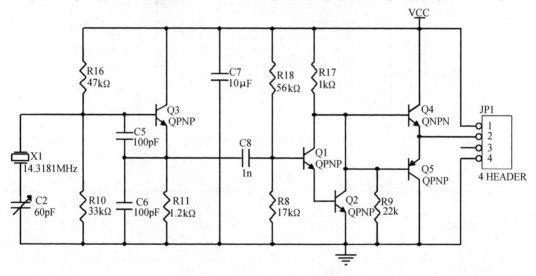

图 3 - 7 - 6　练习 6 的电路原理图

表 3 - 7 - 6

说明	元件名称	封装	编号
晶体	XTAL	XTAL - 1	X1
可调电容	CAPVAR	RAD - 0.3	C2
电容	CAP	1005【0402】	C5 C6 C7 C8
NPN 三极管	QNPN	TO92A	Q1 Q2 Q3 Q4
电阻	RES	1608【0603】	R10 R16 R11 R8 R18 R9
PNP 三极管	QPNP	TO92A	Q5
电阻	RES	2012【0805】	R17
连接器	4HEADER	POWER4	JP1

画好图后：

（1）请进行电气规则检查（选择 Tools/ERC 菜单）。

（2）请做元件表（选择 Report/Bill of Material 或 Edit/Export to Spread 菜单）。

（3）请做网络表（选择 Design/Create Netlist）。

【练习 7】 时钟电路如图 3 - 7 - 7 所示，试画出它的原理图，元件见表 3 - 7 - 7。

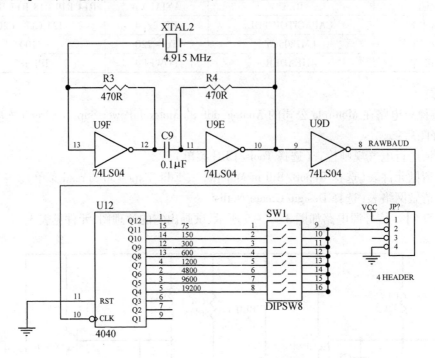

图 3 - 7 - 7　练习 7 的电路原理图

表 3 - 7 - 7

说明	元件名称	封装	编号
六反相器	SN74LS04	DIP14	U9A U9B U9C
电容	CAP	RAD0.2	C9
CMOS 计数器	4040	DIP16	U12
DIP 开关	DIPSW8	DIP16	SW1
电阻	RES2	AXIAL0.4	R4 R3
晶体	CRYSTAL	XTAL1	XTAL2
连接器	4HEADER	POWER4	JP?

画好图后：

（1）请进行电气规则检查（选择 Tools/ERC 菜单）。

（2）请做元件表（选择 Report/Bill of Material 或 Edit/Export to Spread 菜单）。

（3）请做网络表（选择 Design/Create Netlist）。

【**练习 8**】　电路如图 3 - 7 - 8 所示,试画出它的原理图,元件见表 3 - 7 - 8。

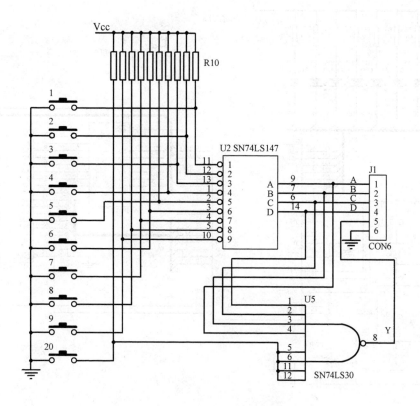

图 3 - 7 - 8　练习 8 的电路原理图

表 3 - 7 - 8

说明	元件名称	封装	编号
按钮	SW - PB	*	1 2 3 4 5 6 7 8 9 20
电阻	RES2	AXIAL0. 3	R1 R2……R10
8 输入与非门	SN7430	DIP - 14	U5
10 - 4 线优先编码器	SN74147	DIP - 16	U2
连接器	CON6	SIP - 6	J1

该练习不做电气规则检查和网表。

【练习9】　单片机电路如图 3 - 7 - 9 所示,试画出它的原理图,元件见表 3 - 7 - 9。

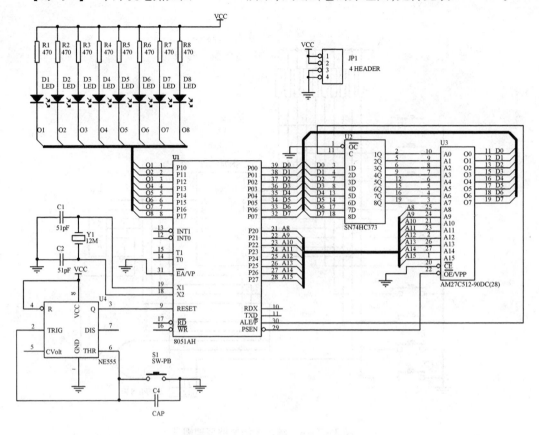

图 3 - 7 - 9　练习 9 的电路原理图

表 3 - 7 - 9

说明	元件名称	封装	编号
单片机	8031AH	DIP - 40	U1
锁存器	SN74HC373	DIP - 20	U2
时基电路	NE555	DIP - 8	U4
65535X8 位 ERROM	AM27512 - 25/BXA(28)	DIP - 28	U3
开关	SW - PB	*	S1
晶体	CRYSTAL	XTAL1	Y1
电容	CAP	RAD0.1	C1 C2 C4
发光二极管	LED	DIODE0.4	D1 D2 D3 D4 D5 D6 D7 D8
电阻	RES2	AXIAL0.3	R1 R2 R3 R4 R5 R6 R7 R8
连接器	4HEADER	POWER4	JP1

画好图后:

(1)请进行电气规则检查(选择 Tools/ERC 菜单)。

(2)请做元件表(选择 Report/Bill of Material 或 Edit/Export to Spread 菜单)。

(3)请做网络表(选择 Design/Create Netlist)。

【练习 10】　PC 机并行口连接的 A/D 转换电路如图 3 - 7 - 10 所示,试画出它的原理图,元件见表 3 - 7 - 10。

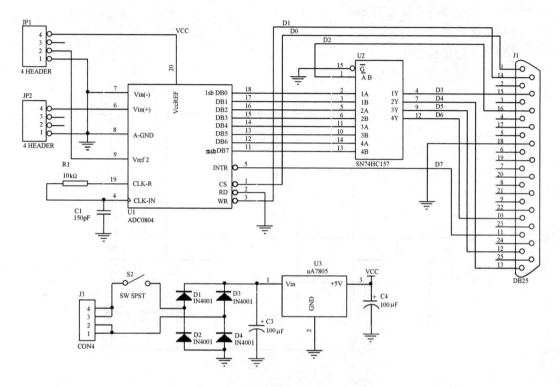

图 3 - 7 - 10　练习 10 的电路原理图

表 3 - 7 - 10

说明	元件名称	封装	编号
A/D 转换器	ADC0804	DIP - 20	U1
四 2 - 1 线数据选择器	SN74HC157	DIP - 16	U2
连接器	DB25	DB - 25/M	J1
连接器	4HEADER	SIP - 4	JP1 JP2
连接器	CON4	SIP - 4	J3
开关	SW SPST	*	S2
电容	CAP	RAD0. 1	C1
电解电容器	CAPACITOR　POL	RB - . 2/. 4	C3 C4
电阻	RES2	AXIAL0. 3	R1
二极管	1N4001	DIODE - 0. 4	D1 D2 D3 D4
三端稳压器	uA7805	TO220H	U3

画好图后:

(1)请进行电气规则检查(选择 Tools/ERC 菜单)。

(2)请做元件表(选择 Report/Bill of Material 或 Edit/Export to Spread 菜单)。

(3)请做网络表(选择 Design/Create Netlist)。

【练习 11】　试设计图 3 - 7 - 11 所示的电路的电路板。设计要求:

（1）使用单层电路板。

（2）电源地线铜膜线的宽度为 50 mil。

（3）一般布线的宽度为 25 mil。

（4）人工放置元件封装。

（5）人工连接铜膜线。

（6）布线时考虑只能单层走线。

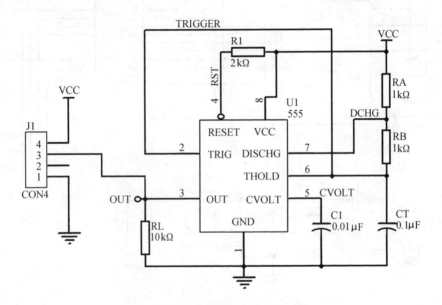

图 3 - 7 - 11　练习 11 的电路原理图

单层电路的顶层为元件面,底层为焊接面,同时还需要有丝印层、底层阻焊膜层、禁止层和穿透层。布线时只要在底层布线就可以了,而线宽可以在铜膜线属性中设置。参考电路板图如图 3 - 7 - 12。

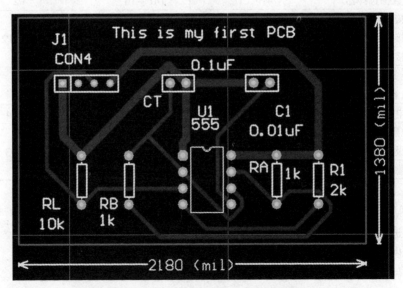

图 3 - 7 - 12　练习 11 的电路板设计图

注意:

在画电路板图中更改线宽属性前需要更改最大线宽值:

首先选择 Dsign/Rules 菜单,然后在弹出的窗口中选择 Routing 页面,再在 RuleClasses 下拉框中,选择 Width Constraint 规则,按下该规则窗口中的 Properties 按钮,屏幕弹出设置窗口,将该窗口中将 Maximum Width 设置为 100mil。如果不设置该规则,就不能将线宽改宽。

【**练习 12**】　单级放大器电路如图 3 – 7 – 13 所示,试设计该电路的电路板。设计要求:

(1)使用单层电路板。

(2)电源地线的铜膜线的宽度为 50 mil。

(3)一般布线的宽度为 20 mil。

(4)人工放置元件封装。

(5)人工连接铜膜线。

(6)布线时考虑只能单层走线。

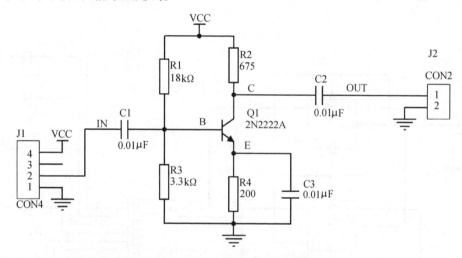

图 3 – 7 – 13　练习 12 的电路原理图

参考电路板见电路板图 3 – 7 – 14。

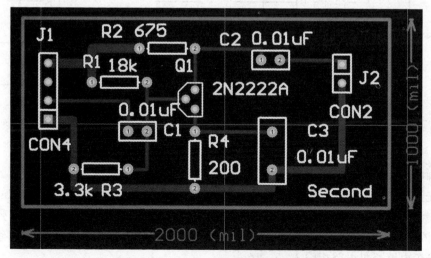

图 3 – 7 – 14　练习 12 的电路板设计图

在画电路板图中更改线宽属性前需要更改最大线宽值：

首先选择 Dsign/Rules 菜单，然后在弹出的窗口中选择 Routing 页面，再在 RuleClasses 下拉框中，选择 Width Constraint 规则，按下该规则窗口中的 Properties 按钮，屏幕弹出设置窗口，将该窗口中将 Maximum Width 设置为 100 mil。如果不设置该规则，就不能将线宽改宽。

【练习 13】 计数译码电路如图 3 - 7 - 15 所示，试设计该电路的电路板。设计要求：

(1)使用双层电路板。

(2)电源地线的铜膜线宽度为 25 mil。

(3)一般布线的宽度为 10 mil。

(4)人工放置元件封装，并排列元件封装。

(5)人工连接铜膜线。

(6)布线时考虑顶层和底层都走线，顶层走水平线，底层走垂直线。

(7)尽量不用过孔。

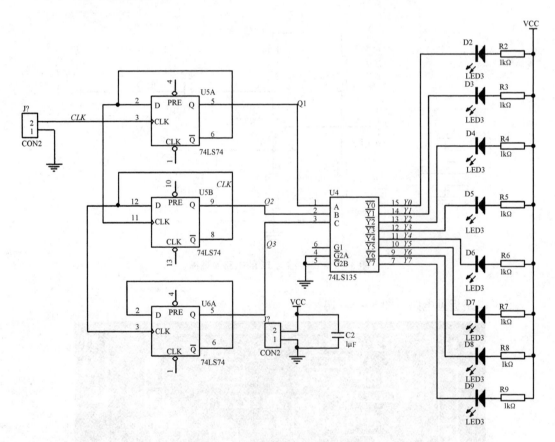

图 3 - 7 - 15 练习 13 的电路原理图

在画电路板图中更改线宽属性前需要更改最大线宽值：

首先选择 Dsign/Rules 菜单，然后在弹出的窗口中选择 Routing 页面，再在 RuleClasses 下拉框中，选择 Width Constraint 规则，按下该规则窗口中的 Properties 按钮，屏幕弹出设置窗口，将该窗口中将 Maximum Width 设置为 100mil。如果不设置该规则，就不能将线的宽度改宽。参考电路板见电路板图 3 - 7 - 16。

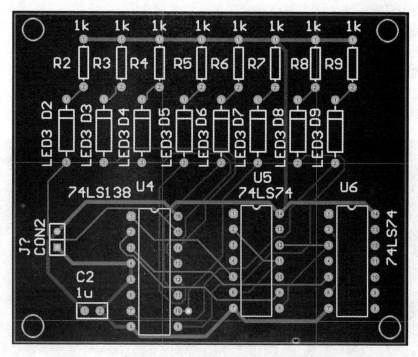

图 3 – 7 – 16　练习 13 的电路板设计图

【练习 14】

试画图 3 – 7 – 17 所示的波形发生电路，要求：

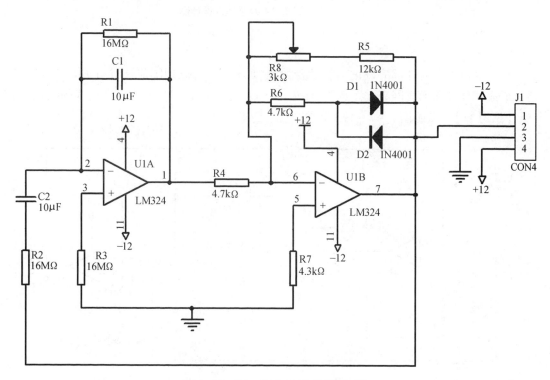

图 3 – 7 – 17　练习 14 的电路原理图

（1）使用双面板，板框尺寸见电路板参考图 3 – 7 – 18。

（2）采用插针式元件。

（3）镀铜过孔。

（4）焊盘之间允许走一根铜膜线。

（5）最小铜膜线走线宽度 10 mil，电源地线的铜膜线宽度为 20 mil。

（6）要求画出原理图、建立网络表、人工布置元件，自动布线。

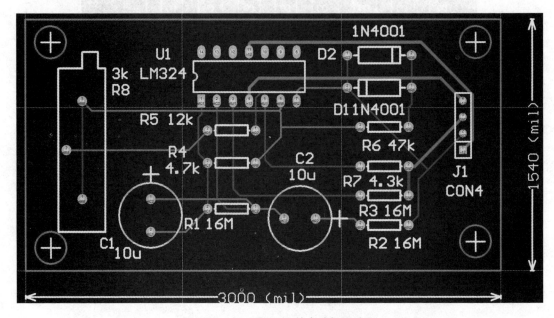

图 3 – 7 – 18　练习 14 的电路板设计图

注意：

每一个原理图元件都应该正确的设置封装（FootPrint），原理图应该进行 ERC 检查，然后再形成元件表和形成网表。注意在 Design/Rules 菜单中设置整板、电源和地线的线宽。

【练习 15】　试画图 3 – 7 – 19 所示的电路，要求：

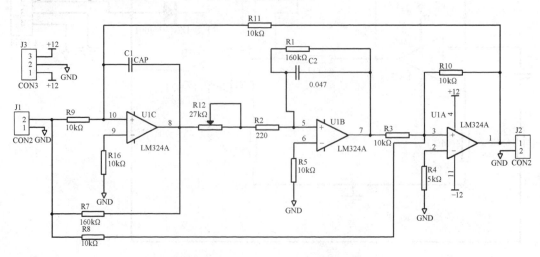

图 3 – 7 – 19　练习 15 的电路原理图

（1）使用双面板,板框尺寸和元件布置见电路板参考电路板图 3 – 7 – 20。

（2）采用插针式元件。

（3）镀铜过孔。

（4）焊盘之间允许走一根铜膜线。

（5）最小铜膜线走线宽度 10 mil,电源地线的铜膜线宽度为 20 mil。

（6）要求画出原理图、建立网络表、人工布置元件,自动布线。

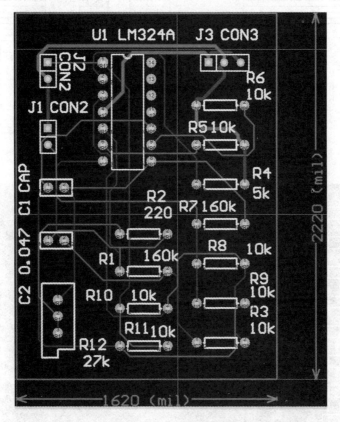

图 3 – 7 – 20　练习 15 的电路板设计图

注意:

每一个原理图元件都应该正确的设置封装(FootPrint),原理图应该进行 ERC 检查,然后再形成元件表和形成网表。注意在 Design/Rules 菜单中设置整板、电源和地线的线宽。

【练习 16】　试画图 3 – 7 – 21 所示的电路,要求:

（1）使用双面板,板框尺寸和元件布置见电路板参考电路板图 3 – 7 – 22。

（2）采用插针式元件。

（3）镀铜过孔。

（4）焊盘之间允许走一根铜膜线。

（5）最小铜膜线走线宽度 10 mil,电源地线的铜膜线宽度为 20 mil。

（6）要求画出原理图、建立网络表、人工布置元件,自动布线。

注意:

每一个原理图元件都应该正确的设置封装(FootPrint),原理图应该进行 ERC 检查,然

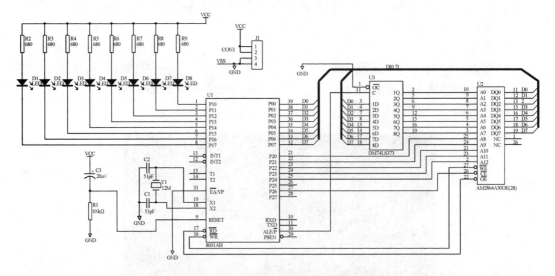

图 3 - 7 - 21　练习 16 的电路原理图

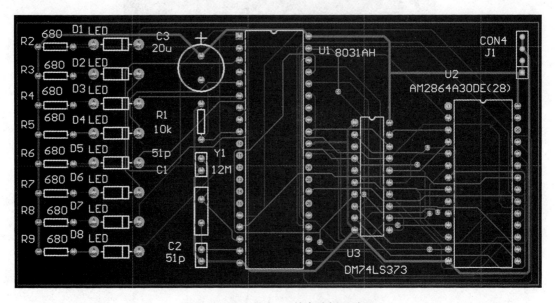

图 3 - 7 - 22　练习 16 的电路板设计图

后再形成元件表和形成网表。注意在 Design/Rules 菜单中设置整板、电源和地线的线宽。在 DRC 检查时,在 DRC Options 区域中,应该去掉 Multiple Net Names On Net 选项。

【练习 17】　试画图 3 - 7 - 23 所示的与 CPLD1032E 的实验电路板配套的五线下载电缆板,要求:

(1)使用双面板,板框尺寸和元件布置见电路板参考电路板图 3 - 7 - 24。

(2)采用插针式元件。

(3)镀铜过孔。

(4)焊盘之间允许走二根铜膜线。

(5)最小铜膜线走线宽度 10 mil,电源地线的铜膜线宽度为 20mil。

(6)要求画出原理图、建立网络表、人工布置元件,自动布线。

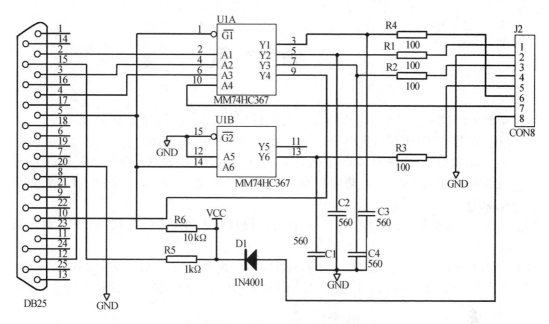

图 3 - 7 - 23 练习 17 的电路原理图

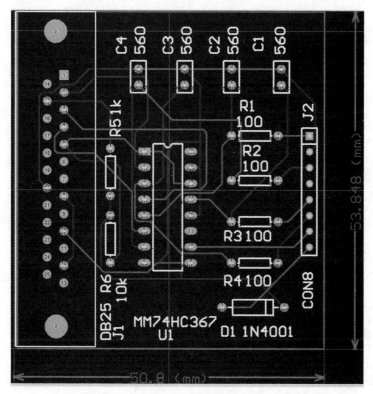

图 3 - 7 - 24 练习 17 的电路板设计图

注意：

每一个原理图元件都应该正确的设置封装（FootPrint），原理图应该进行 ERC 检查，然后再形成元件表和形成网表。注意在 Design/Rules 菜单中设置整板、电源和地线的线宽。

参 考 文 献

［1］邓奕. Protel 99SE 原理图与 PCB 设计及仿真［M］. 北京:人民邮电出版社,2013.

［2］赵建领. Protel 99SE 设计宝典［M］. 北京:电子工业出版社,2009.

［3］郭勇,董志刚. Protel 99SE 印制电路板设计教程［M］. 北京:机械工业出版社,2011.

［4］清源科技. Protel 99SE 电路原理图与 PCB 设计及仿真［M］. 北京:机械工业出版社,2011.

［5］胡良君,谭本军. Protel 99SE 印制电路板设计与制作［M］. 北京:电子工业出版社, 2012.

［6］王静. Protel 99SE 印制电路板设计案例教程［M］. 北京:北京大学出版社,2012.

［7］和卫星,李长杰. Protel 99SE 电子电路 CAD 实用技术［M］. 北京:中国科学技术大学出版社,2008.